U0222536

# 数学竞赛中的数学：为数学爱好者、父母、教师和教练准备的丰富资源(第一部)

[美] 蒂图·安德雷斯库 (Titu Andreescu)
[美] 布拉尼斯拉夫·基塞凯尼 (Branislav Kisačanin) 著

郑元禄 译

哈尔滨工业大学出版社
HARBIN INSTITUTE OF TECHNOLOGY PRESS

# 黑版贸审字 08－2018－106 号

**图书在版编目(CIP)数据**

数学竞赛中的数学:为数学爱好者、父母、教师和教练准备的丰富资源. 第一部/(美)蒂图·安德雷斯库(Titu Andreesca),(美) 布拉尼斯拉夫·基塞凯尼(Branislav kisačanin)著;郑元禄译.—哈尔滨:哈尔滨工业大学出版社,2020.4

书名原文:Math Leads for Mathletes:A rich resource for young math enthusiasts,parents,teachers,and mentors. Book 1

ISBN 978－7－5603－8663－8

Ⅰ.①数… Ⅱ.①蒂… ②布… ③郑… Ⅲ.①数学—竞赛题—题解 Ⅳ.①O1－44

中国版本图书馆 CIP 数据核字(2020)第 011260 号

| | | |
|---|---|---|
| 策划编辑 | 刘培杰 | 张永芹 |
| 责任编辑 | 张永芹 | 关虹玲 |
| 封面设计 | 孙茵艾 | |

出版发行　哈尔滨工业大学出版社

社　　址　哈尔滨市南岗区复华四道街 10 号　邮编 150006

传　　真　0451－86414749

网　　址　http://hitpress. hit. edu. cn

印　　刷　哈尔滨市工大节能印刷厂

开　　本　787mm×1092mm　1/16　印张 13.5　字数 244 千字

版　　次　2020 年 4 月第 1 版　2020 年 4 月第 1 次印刷

书　　号　ISBN 978－7－5603－8663－8

定　　价　48.00 元

---

(如因印装质量问题影响阅读,我社负责调换)

美国著名奥数教练蒂图·安德雷斯库

献给阿丽娜(Alina)与萨斯卡(Saška)

有的人想要它发生，
　　有的人希望它发生，
　　　　别的人使它发生.

若尔当(M. Jordan)

# 前　言

"为什么我的孩子在适龄阶段没有看到这本书呢!!??"

Kathy Cordeiro(美国德克萨斯州弗里斯科市人)

欢迎来到解答数学问题的世界! 一旦你进入它,你就很有可能会爱上它!

一些数学问题,例如古希腊人作正七边形问题,是如此困难,直至在 2000 多年后才被人们完全理解. 无论你是受到启发,还是因此而感到泄气,这本书都是为你而准备的. 为什么? 因为在这本书中,我们讲授了重要的解题策略:如果你不能解答一个问题,那么你可以把它分解成你能解答的小问题. 正如波利亚(G. Polya)所说:"如果有你不能解答的问题,那么一定存在一个你可以解答的较容易的问题——找到它."

我们为什么要写这本书呢? 本书希望为解答数学问题和对参加数学竞赛感兴趣的学生们以及他们的父母、老师和辅导员,建立一整套解题的入门策略小节. 在本书的写作过程中,我们借鉴了与年轻数学工作者合作的经验,以及世界各地教育工作者的集体智慧. 我们的目的是帮助学生的父母和辅导员,指导有抱负的、年轻的数学问题解答者.

这本书是给谁看的呢? 根据它们的性质,这些策略小节的读者对象不是特定年龄的学生. 我们的经验表明,本书中所包含的主题最适合四年级和五年级这样的高年级学生,以及极具天赋的三年级学生. 同样,我们知道许多学生后来才显示出数学竞赛才能(在六年级及以后),也可从本书各节中受益. 此外,用本书提出的概念与问题作为丰富的材料,教师可以在课堂中使用,父母可以在家中教他们的孩子,辅导员可以在数学小组或数学俱乐部与数学园地中指导孩子.

需要怎样的预备知识呢? 本书是解答数学问题的入门书,假定要求极少的预备知识. 如果学生对数学竞赛感兴趣,那么他或她大概需要知道整数、偶数与奇数,素数与合数,能解答简单的方程. 本书虽然对数学知识的要求并不高,但是为了跟上本书的节奏,还是需要许多其他的知识. 我们期望学生有很高的积极性,并从热情的父母、教师与辅导员那里得到大力的支持与指导. 我们想要强调的是数学教育中每个阶段指导的重要性,特别是这个早期阶段.

这本书教的是什么内容呢? 本书将帮助你在以下几个方面有所提高:

1. 你将学习更多的数学知识:整数的性质与算术运算(可除性,素数,素数因子分解),简单的代数运算,解方程与方程组的方法,数的推理(分数,百分数,比例,平均值,算式谜,幻方),基本组合推理(数列,计数,鸽笼原理,不变量)与谜语形式的数学(七巧板,数学与国际象棋,牙签数学).

2. 你将学习各种各样的解题策略,给出解题方法,写出证明过程,研究与其他问题的联系.

3.你将学习有关著名数学家的事迹,他们的发现及重要的数学常数.

为了支持这个学习过程,在每一节首先讨论新概念,用例子进行说明,再给出练习题与问题.本书第2篇给出了所有练习题与问题的详细解答.为了教给学生各种各样的解题技巧,逐渐灌输一题多解的重要性,我们给出数值问题多于一个的解法.这里为富有特色的解法提供了推理与证明书写的范例.这些是想要研究数学、计算机科学、工程技术或取得科学研究成功者所具备的非常宝贵的技能.

怎样选择练习题与问题呢? 本书涵盖了超过 350 个完全解答的练习题与问题和放在它们前面的数值例题.它们取自大量的数学文献资料,受到世界各地各种数学竞赛、习题图书与杂志的启发.

这本书将指导我们到什么程度呢? 我们认为回答这个问题的一个好方法是,指出学生完全理解下面这个数学竞赛问题的解答,那么他们就能理解本书的大部分内容:

求所有可能的正整数 $x$ 与 $y$,使

$$1! + 2! + 3! + \cdots + x! = y^2$$

考虑一会儿这个问题,然后继续阅读.完整解答如下:

对 $x \geq 5$,左边表达式的末位数字是 3.因为整数的平方数只能以 0,1,4,5,6 或 9 为末位数字,绝不是 3,所以对 $x \geq 5$ 无解.因此只有当 $x < 5$ 时才能有解,它们是 $(1,1)$ 与 $(3,3)$.

如果你知道本书中所涵盖的概念,那么你将很可能求出 $(1,1)$ 与 $(3,3)$ 是解,你将能理解为什么这二者是唯一解.当然,理解一个解是一回事,求出它又是另一回事.本书用有关问题的数与变形提供了大量的关键知识,将使许多读者自己就能解答问题,而不仅仅是理解别人的解法.

读完这本书后研究什么呢? 本书将大大增加你的数学知识与解题技能,但是要学习得更多.例如,我们说高斯发现了古希腊人作正七边形问题,给出了它的一般法则,确定了哪些正多边形可能作出,哪些正多边形不能作出,但是我们确实不能解释高斯是怎样作出图形的.为了理解这一点及更多其他有趣的数学结果,为了解答超过第 8 届美国数学竞赛范围以外的数学问题,大家将需要继续学习更多的数学知识,掌握更多的解题技巧.

为了激发学生、父母和教师更大的数学兴趣,我们将继续分析和研究更多有趣的数学题目与问题——本书是这套丛书的第一本.以下各本书将包括更详尽和复杂的代数概念与几何概念.

致谢:非常感谢 J. Kane 博士和 R. Stong 博士的宝贵意见与反馈,以及我们的数学同事 A. Andreescu,M. Djordjević-Kisacanin 和 V. Vale 的支持与鼓励.

蒂图·安德雷斯库

布拉尼斯拉夫·基塞凯尼

# 目　　录

# 第 1 篇

## 概念，练习题与问题

让我们开始吧!

最大数是多少呢? 事实上,没有像最大数这样的问题. 为什么? 如果有人告诉我们最大数是 $10^{18}$,那么我们只要再加上 1 就建立了 1 个较大的数.

更大的数是 $10^{18}$ 乘它本身,换言之,$10^{18}$ 的平方. 这里是另一种方法,它给出比他提出要大得多的数:$10^{18}$ 是 1 个写成 1 后面有 18 个 0 的数. 现在试设想 1 个数是 1 后面有 $10^{18}$ 个 0!

古戈尔丛(googolplex)是具有名称的最大数之一. 我们先试想 1 个数写成 1 后面有 100 个 0,这个数称为古戈尔(googol). 这个名称听起来也许是很普通的,这是因为互联网搜索网站 Google 在这个数之后被命名. 于是

$$googol = \underbrace{10000\cdots0000}_{100个0} = \underbrace{10 \cdot 10 \cdot 10 \cdot \cdots \cdot 10 \cdot 10 \cdot 10}_{100个10} = 10^{100}$$

其次做思维大跳跃,试设想 1 个数有 googol 个 0,则

$$googolplex = \underbrace{10000\cdots0000}_{googol个0} = 10^{googol} = 10^{10^{100}}$$

根据著名的天文学家和作家萨根(C. Sagan)的说法,googol 大于我们宇宙中所有基本粒子数(电子,质子,中子). 此外,即使我们有足够的纸张与墨水来写具有 $10^{100}$ 个 0 的数 $10^{10^{100}}$,但需要做此事的纸张将不能放入已知的宇宙. 然而,googolplex($10^{10^{100}}$)并不是被命名的最大的数,因为数学家在他们的工作中有时还需要给更大的数命名:斯凯韦斯(Skewes)数,莫泽(Moser)数与格拉汉姆(Graham)数,这些数比 googolplex 要大得多.

表 1.1.1 列出了一些具有特别名称的大数. 在不同的语言中,这些数有相似名称,但具有一些混乱的曲解. 科学记号如 $10^3$ 表示一千,或 $10^6$ 表示一百万,是通用的.

表 1.1.1

| 十进制数 | 科学记数法 | 国际单位制词头 | 英文 | 法文 | 德文 |
|---|---|---|---|---|---|
| 1 000 | $10^3$ | kilo(k) | thousand | mille | Tausend |
| 1 000 000 | $10^6$ | mega(M) | million | million | Million |
| 1 000 000 000 | $10^9$ | giga(G) | billion | milliard | Millarde |
| 1 000 000 000 000 | $10^{12}$ | tera(T) | trillion | billion | Billion |
| 1 000 000 000 000 000 | $10^{15}$ | peta(P) | quadrillion | billiard | Billiarde |
| 1 000 000 000 000 000 000 | $10^{18}$ | exa(E) | quintillion | trillion | Trillion |
| $\underbrace{10\cdots0}_{100}$ | $10^{100}$ | | googol | gogol | Googol |
| $\underbrace{10\cdots0}_{googol}$ | $10^{10^{100}}$ | | googolplex | gogolplex | Googolplex |

# 1.1　整数与整除性

整数(也称完整的数)是数 $\cdots-2,-1,0,1,2,\cdots$. 对整数集合 $\mathbf{Z}$,我们记 $\mathbf{Z}=\{\cdots,-2,-1,0,1,2,\cdots\}$.

自然数集合 $\mathbf{N}$ 是整数集合的子集. 我们记为 $\mathbf{N}\subset\mathbf{Z}$(读作:集合 $\mathbf{N}$ 是集合 $\mathbf{Z}$ 的子集). 一些数学家把自然数看作正整数,即 $\mathbf{N}=\{1,2,3,\cdots\}$,而另一些数学家把 0 看作自然数. 在本书中,我们将明确这一点,例如"求正整数使 ……",以便避免任何混淆. 总之,我们将研究关于整数的很多有趣的问题与性质.

## 1. 整数的可整除性

你当然知道一些数可被 3 整除,而另一些数不可被 3 整除. 例如,在数 $1,2,3,\cdots,12$ 中只有 $3,6,9,12$ 可被 3 整除.

若 $a$ 与 $n$ 表示任何整数,则我们说当 $n$ 是 $a$ 与另一个整数的积时,$n$ 可被 $a$ 整除. 在这种情形下,我们也说 $n$ 是 $a$ 的倍数,$a$ 整除 $n$,用数学记号记作 $a\mid n$(读作:$a$ 整除 $n$).

在本书中我们用"·"表示乘法,例如 $15=3\cdot5$. 我们说 15 可被 3 整除. 我们也说 15 是 3 的倍数,3 整除 15,记作 $3\mid15$.

若 $n$ 不是 $a$ 的倍数,则我们说 $n$ 不可被 $a$ 整除. 另一种说法是 $a$ 不整除 $n$.

若 $n$ 是两位数,则我们可以记它为 $n=\overline{xy}$. 这告诉我们它的第 1 个数字是 $x$,第 2 个数字是 $y$. 我们也可以记 $n=10x+y$. 更一般地,若 $n$ 有数字 $d_k,\cdots,d_1,d_0$,则我们记

$$n=\overline{d_k\cdots d_1 d_0}=10^k d_k+\cdots+10 d_1+d_0$$

## 2. 整除性法则

很多有趣的数学问题可以用以下简单法则解答. 当我们陈述这些法则时,用"当且仅当"指出这些法则没有例外情形("当"部分)与它们包含的所有可能的情形("仅当"部分).

(1) 可被 2 整除的法则:为使一数可被 2 整除,当且仅当它的末位数字是偶数.

**例 1.1.1**　数 $100,102,104,106$ 和 108 可被 2 整除,而数 $101,103,105,107$ 和 109 不可被 2 整除.

(2) 可被 3 整除的法则:为使一数可被 3 整除,当且仅当组成它的数字之和可被 3 整除.

**例 1.1.2**　数 77 777 不可被 3 整除,因为 $7+7+7+7+7=35,35$ 不可被 3 整除.

(3) 可被 4 整除的法则:为使一数可被 4 整除,当且仅当它的末两位数字可被 4 整除.

**例 1.1.3**　数 10 032 可被 4 整除,因为 32 可被 4 整除.

(4) 可被 5 整除的法则:为使一数可被 5 整除,当且仅当它的末位数字是 0 或 5.

**例 1.1.4**　数 50 505 051 不可被 5 整除,因为它的末位数字既不是 0 也不是 5.

(5) 可被 6 整除的法则:为使一数可被 6 整除,当且仅当它可被 2 和 3 二者整除.

**例 1.1.5**　数 123 458 可被 2 整除(它的末位数字是偶数),但不可被 3 整除(它的数字和不可被 3 整除),于是它不可被 6 整除.

(6) 可被 7 整除的法则:为使具有数字 $a_k, a_{k-1}, \cdots, a_1, a_0$ 的数可被 7 整除,当且仅当

$$7 \mid (\overline{a_2 a_1 a_0} - \overline{a_5 a_4 a_3} + \overline{a_8 a_7 a_6} - \cdots)$$

**例 1.1.6**　数 1 112 444 333 555 444 666 可被 7 整除,因为 $666 - 444 + 555 - 333 + 444 - 112 + 1 = 777$ 可被 7 整除.

(7) 可被 8 整除的法则:为使一数可被 8 整除,当且仅当它的末三位数字可被 8 整除.

**例 1.1.7**　数 777 888 可被 8 整除,因为 888 可被 8 整除.

(8) 可被 9 整除的法则:为使一数可被 9 整除,当且仅当组成它的数字之和可被 9 整除.

**例 1.1.8**　数 12 345 678 可被 9 整除,因为 $1 + 2 + 3 + 4 + 5 + 6 + 7 + 8 = (1+8) + (2+7) + (3+6) + (4+5) = 4 \cdot 9 = 36$ 可被 9 整除.

(9) 可被 10 整除的法则:为使一数可被 10 整除,当且仅当它可被 2 和 5 二者整除,即当且仅当它的末位数字为 0.

**例 1.1.9**　$1 \cdot 2 \cdot 3 \cdot 4 \cdot \cdots \cdot 63 \cdot 64$ 可被 10 整除,因为 2 和 5 在它的因数中.(事实上,它以 14 个 0 结尾,因为在它的素因数中有 63 个 2 和 14 个 5)

(10) 可被 11 整除的法则:我们可以利用关于 11 的以下任一准则:为使具有数字 $a_k, a_{k-1}, \cdots, a_1, a_0$ 的整数 $a$ 可被 11 整除,当且仅当:

①$11 \mid (a_0 - a_1 + a_2 - a_3 + a_4 - \cdots)$;

②$11 \mid (\overline{a_1 a_0} + \overline{a_3 a_2} + \overline{a_5 a_4} + \overline{a_7 a_6} + \cdots)$;

③$11 \mid (\overline{a_2 a_1 a_0} - \overline{a_5 a_4 a_3} + \overline{a_8 a_7 a_6} - \cdots)$.

**例 1.1.10**　我们可以利用第 ① 个准则来证明 132 121 可被 11 整除,因为 $1 - 2 + 1 - 2 + 3 - 1 = 0$ 可被 11 整除.我们也可以利用第 ② 个准则,它给出 $21 + 21 + 13 = 55$,它可被 11 整除.第 ③ 个准则也证明了这个数可被 11 整除,因为 $121 - 132 = -11$ 可被 11 整除.

(11) 可被 12 整除的法则:为使一数可被 12 整除,当且仅当它可被 4 和 3 二者整除.

**例 1.1.11**　数 23 456 565 432 可被 4 和 3 二者整除,因此它可被 12 整除.

(12) 可被 13 整除的法则:为使一数可被 13 整除,当且仅当

$$13 \mid (\overline{a_2 a_1 a_0} - \overline{a_5 a_4 a_3} + \overline{a_8 a_7 a_6} - \cdots)$$

**例 1.1.12**　数 1 112 444 333 555 444 666 不可被 13 整除,因为 $666 - 444 + 555 - 333 + 444 - 112 + 1 = 777$,$777 = 3 \cdot 7 \cdot 37$ 不可被 13 整除.

注意,关于 2,4,8 的准则,关于 3,9 的准则和关于 7,11,13 的准则是类似的.虽然前两

组中的各数分别作为2的幂和3的幂是有联系的,但是第3组中的各数之间的联系可能不太明显.联系它们的事实是 $7 \cdot 11 \cdot 13 = 1\ 001$.

对于11,我们也可以利用事实:它被10除时有余数1(这是关于11的第①个整除性准则的根据),也可以利用事实 $99 = 9 \cdot 11$ 被100除时有余数 $-1$(这是关于11的第②个整除性准则的根据).这启发我们,有类似于关于11的第②个整除性准则的关于9的整除性准则.

也注意到关于可被 $3^3 = 27$ 整除的准则并不类似于可被3和9整除的准则,第1个反例是数27本身:它一定可被27整除,但组成它的数字之和不可被27整除.我们可以根据事实 $27 \cdot 37 = 999$,建立可被27(和37)整除的准则.

所有这些准则是属于帕斯卡(Pascal)的一般准则的推论:

**帕斯卡准则**:若

$$a = 10^k a_k + 10^{k-1} a_{k-1} + \cdots + 10 a_1 + a_0 = \overline{a_k a_{k-1} \cdots a_1 a_0}$$

则 $m \mid a$,当且仅当 $m \mid (r_k a_k + r_{k-1} a_{k-1} + \cdots + r_1 a_1 + r_0 a_0)$,其中 $r_i (i = 0, 1, 2, \cdots, k)$ 是 $10^i$ 被 $m$ 除时的余数.

## 练习题与问题

1.古戈尔丛数可被3整除吗?

2.以下各数中哪些数不可被4整除:$99\ 998, 100\ 000, 100\ 002, 100\ 004$?

3.在 $\dfrac{7}{27}$ 的十进制小数表示式中,求小数点后第 $2\ 013$ 个数字.提示:知道 $999 = 27 \cdot 37$ 和 $\dfrac{1}{999} = 0.001\ 001\ 001\ 001\cdots$ 是有用的.

4.知道怎样求数的素因数分解是有用的.例如 $120 = 2^3 \cdot 3 \cdot 5$.我们也谈到数的数字之积,例如172的数字之积是 $1 \cdot 7 \cdot 2 = 14$.

(1)给定一些数的例子,使数的数字之积是216.求这样的最小数.

(2)有没有1个数的数字之积是140?如果有,请至少提供1个例子;如果没有,请说明理由.

(3)有没有1个数的数字之积是220?如果有,请至少提供1个例子;如果没有,请说明理由.

5.1个数的数字有 $2\ 000$ 个1,$2\ 000$ 个2,其他数字是0.这个数能不能是完全平方数(即另一个整数的平方)?提示:利用可被3和9整除的准则.

6.求所有三位数 $\overline{abc}$,使 $\overline{ab} + \overline{bc} + \overline{ca} = \overline{abc}$.注意:在本题中 $a, b, c$ 是数字.首位数字不

容许是 0,于是 $1 \leqslant a,b,c \leqslant 9$.

7. 20132013…2013(由数 2 013 重复 2 013 次组成) 被 333 333 除时的余数是多少?

## 1.2　运算的顺序

如果我们需要把一些数相加,那么可以用任一顺序把它们相加,最好可以更快地得出结果. 例如,如果以各数出现的顺序做以下加法,那么将损失很多宝贵的时间

$$33 + 64 + 36 + 18 + 2 + 55 + 45 =$$
$$97 + 36 + 18 + 2 + 55 + 45 =$$
$$133 + 18 + 2 + 55 + 45 =$$
$$151 + 2 + 55 + 45 =$$
$$153 + 55 + 45 =$$
$$208 + 45 =$$
$$253$$

较好的另一种算法是把各数分组变成一些合适的和,这样算要快得多

$$33 + (64 + 36) + (18 + 2) + (55 + 45) =$$
$$33 + 100 + 20 + 100 = 253$$

一般地,加法结合律表示为

$$(a + b) + c = a + (b + c)$$

乘法也服从结合律

$$(a \cdot b) \cdot c = a \cdot (b \cdot c)$$

**注**　如前所述,在本书中乘法以"·"表示(同上),经常完全不用任何符号的情况,例如 $a \cdot b = ab$. 对除法,我们用"÷"或"/"表示,例如 $12 \div 2 = 12/2 = 6$.

支配加法与乘法二者的另一个重要定律是交换律,它表示相加或相乘的数的顺序是不重要的. 一般地,我们可以记

$$a + b = b + a$$

和

$$a \cdot b = b \cdot a$$

当我们对数字做多于一种运算时,我们应当遵循以下规则,它告诉我们首先需要做哪种运算. 这些规则建立在数的以下运算分级基础上:

(1)Ⅰ级运算:加法与减法.

(2)Ⅱ级运算:乘法与除法.

(3)Ⅲ级运算:乘方与关于幂的运算.

**1. 没有分组符号的计算**

如果数学表达式没有包含分组符号(小括号,中括号,大括号),那么我们按照以下顺序进行:

Ⅲ 级运算 → Ⅱ 级运算 → Ⅰ 级运算.

**例 1.2.1** 如果

$$a = 9^8 \div 9^6 + 31 \cdot 3^2 - 5^6 \div 5^6 + 41^2$$

求整数 $a$.

**解** 我们先做同底数幂的除法,得

$$a = 9^2 + 31 \cdot 3^2 - 1 + 41^2$$

再求幂的值,得

$$a = 81 + 31 \cdot 3^2 - 1 + 1\,681$$

完成 Ⅱ 级运算,得

$$a = 81 + 279 - 1 + 1\,681$$

最后,做 Ⅰ 级运算.由此得

$$a = 360 - 1 + 1\,681 = 359 + 1\,681 = 2\,040$$

**2. 具有分组符号的计算**

用在练习题中的分组符号有小括号(),中括号[],大括号{}.它们表示运算顺序,即表示以下事实:一些运算是在另一些运算前进行的.为了做具有括号的计算,我们进行如下步骤:

(1) 做()中的计算,消去这个括号.

(2) 把[]换为(),把{}换为[].

(3) 继续到计算完成.

**例 1.2.2** 求值

$$[(2^3 + 7) \div 5 + 31] \div 17$$

**解** 我们有以下依次计算

$$[(2^3 + 7) \div 5 + 31] \div 17 =$$
$$[(8 + 7) \div 5 + 31] \div 17 =$$
$$(15 \div 5 + 31) \div 17 =$$
$$(3 + 31) \div 17 =$$
$$34 \div 17 = 2$$

**例 1.2.3** 求值

$$a = 5^3 - [840 \div 420 + 2 \cdot (5^2 + 2^4)] \cdot (730 - 3^6)$$

**解**

$$a = 125 - [840 \div 420 + 2 \cdot (25 + 16)] \cdot (730 - 729) =$$

$$125-(840\div 420+2\cdot 41)\cdot 1=$$
$$125-(2+82)\cdot 1=$$
$$125-84\cdot 1=$$
$$125-84=41$$

## 练习题与问题

1. 求值：$2\cdot 5+14\cdot 3-8\cdot 3$.

2. 求值：$105\cdot 3+16\div 2^3+5^2+14^0$.

3. 求值：$2^3\cdot 5+75^{75}\div 75^{75}-15^2\div 3^2+2^4$.

4. 求值：$4^{92}\div 4^{90}+2^{10}\div 2^8-2\ 009^0+1^{2\ 009}$.

5. 求值：$a=10^9-9\cdot 10^8-9\cdot 10^7-9\cdot 10^6-9\cdot 10^5-9\cdot 10^4-9\cdot 10^3-9\cdot 10^2-9\cdot 10-9$.

6. 求值：$2\ 009-2\ 009\div[2\ 009-2\ 009\cdot(2\ 009-2\ 009)]$.

7. 求值：$4\ 794\div\{120\div 5+15\div 3\cdot[265-(50\div 25)\cdot 65]+100\}$.

8. 在 $12+12\div 6-2\cdot 3$ 中添上一组小括号(),得出答数 12.

9. 求值：$(3-4)^5+(4-5)^3+(5-3)^4$.

10. 求值：$(128-2)(128-2^2)(128-2^3)\cdots(128-2^8)$.

## 高　斯

高斯(C. F. Gauss,图 1. 2. 1),史上最伟大的数学家之一,1777 年生于德国布伦瑞克市的一个贫穷家庭,1855 年卒于德国哥廷根市.高斯在幼年时就表现出特殊的数学才能,3 岁时就改正了他父亲账目中的计算错误.高斯的数学老师很严厉,但他似乎已经认识到少年高斯初露头角的天资,对他不用那时常用的教育方法,包括打骂.在一件著名的事情,即高斯 10 岁时用一个非常快的方法求出 $1+2+\cdots+100$ 之和后,他得到了老师特别的器重.

高斯很幸运,他学校的助教是才华横溢的数学家 M. 巴特尔斯,巴特尔斯成为高斯第一位家庭教师,后来成为他终生的朋友.通过巴特尔斯,高斯引起了布伦瑞克市公爵的注意,他为高斯的教育提供了巨大的支持.高斯于 1799 年荣获了博士学位.

在高斯受早期教育时,他还表现出语言学方面的天赋,但 19 岁时他还是选择了数学,并没有选择语言学.高斯是在证明了只用直尺和圆规不能作出正七边形后,才做出这个决定的.自古希腊以来,数学家们就一直在寻求解决这个问题的方法.不仅如此,高斯还证明了,为使可以用圆规和直尺作出正多边形,当且仅当它的边数可以写成不同的欧拉数(形如$2^{2^n}+1$的素数)和 2 的幂的积.

图 1.2.1　高斯(1777—1855)

# 1.3　前 100 个正整数之和

在德国数学家高斯大约 10 岁时,他和他的同班同学被要求计算从 1 到 100 的所有整数之和.令他的老师惊讶的是,高斯在几秒钟内就得出了结果 5 050.

在和

$$1+2+3+\cdots+98+99+100$$

中,高斯把所有数配对,使每对给出和 101:1 和 100,2 和 99,3 和 98 等.因为这样的和有 50 对,所以最后的和是

$$1+2+\cdots+100=50 \cdot 101=5\ 050$$

这是前 $n$ 个正整数和更一般公式的特殊情形

$$1+2+\cdots+n=\frac{n(n+1)}{2}$$

在下文中,我们将用一些不同的方法来证明这个有用的结果.

**证法 1**　首先我们用代数方法证明它.主要的证明方法与少年高斯所用的方法相同.我们将把和中各数配对.由此我们需要考虑两种情形,一种是 $n$ 为偶数,另一种是 $n$ 为奇数.

如果 $n$ 是偶数,那么和 $1+2+\cdots+n$ 由 $n/2$ 对数组成.如果每对中的数相加得 $n+1$,就像高斯所做的那样,那么

$$1+2+\cdots+(n-1)+n=$$
$$(1+n)+(2+(n-1))+\cdots=$$
$$\frac{n}{2}\cdot(n+1)=$$
$$\frac{n(n+1)}{2}$$

如果 $n$ 是奇数,那么我们可以除了最后一个数 $n$ 外,把和中所有的数配对. 在这种情形下,每对中的数相加得出 $n$,共有这样的 $(n-1)/2$ 对,则

$$1+2+\cdots+(n-1)+n=$$
$$(1+(n-1))+(2+(n-2))+\cdots+n=$$
$$\frac{n-1}{2}\cdot n+n=$$
$$\frac{(n-1)n}{2}+\frac{2n}{2}=$$
$$\frac{n^2-n+2n}{2}=$$
$$\frac{n^2+n}{2}=$$
$$\frac{n(n+1)}{2}$$

正如我们所见,在这两种情形下,最后都得出相同的公式.

**证法 2**　第二个证明用到几何学的知识. 如果我们用图 1.3.1 中的点表示前 $n$ 个自然数之和,那么得出三角形. 可以表示为三角形的数称为三角形数. 前几个这样的数是 $1,3,6,10,15,21,\cdots$. 第 $n$ 个三角形数以 $T_n$ 表示,可以记

$$T_n=1+2+\cdots+n$$

图 1.3.1　前 $n$ 个自然数之和公式的几何学推导

把表示 $T_n$ 的两个三角形合并,我们求出

$$2T_n=n(n+1)$$

最后,有

$$T_n=1+2+\cdots+n=\frac{n(n+1)}{2}$$

你将在节 1.29 中找到关于三角形数的更多内容.

**证法 3** 几何证明方法表明,它比我们前面给出的代数证明方法更简单. 以 $T_n$ 表示我们要求的和,用两种方法写出它

$$T_n = 1 + 2 + \cdots + (n-1) + n$$
$$T_n = n + (n-1) + \cdots + 2 + 1$$

把这两个方程相加,得

$$2T_n = \overbrace{(n+1) + (n+1) + \cdots + (n+1) + (n+1)}^{n} = n(n+1)$$

最后,有

$$T_n = \frac{n(n+1)}{2}$$

## 练习题与问题

1. 求值：$1 + 2 + \cdots + 1\,000$.

2. 求值：$101 + 102 + \cdots + 1\,000$.

3. 求前 $n$ 个偶数和公式

$$2 + 4 + 6 + \cdots + 2n$$

4. 求前 $n$ 个奇数和公式

$$1 + 3 + 5 + \cdots + (2n-1)$$

5. 在数列

$$1,3,3,3,5,5,5,5,5,7,7,7,7,7,7,7,\cdots$$

中,哪个数占用第 2 013 这个位置?

6. 所有三角形数 $T_n$ 都是整数,所以 $n(n+1)$ 一定可被 2 整除. 给出这个事实的另一种证明.

7. 证明：$n(n+1)(n+2)$ 恒可被 6 整除.

# 1.4 公　因　数

在本节中,为了使我们的计算工作更容易,我们将学习怎样利用公因数于计算中. 这将改善我们的解题技能,容许我们花费很小的力气解答一些有趣的问题.

如果我们用适当的方法分解因数,那么将大大简化计算.

**例 1.4.1** 用两种方法求值

$$5 \cdot 12 + 5 \cdot 126$$

**解法 1**　如果应用运算顺序(在这种情形下,我们首先做两次乘法),那么有

$$5 \cdot 12 + 5 \cdot 126 = 60 + 630 = 690$$

**解法 2**　如果提出公因数 5,那么可以记

$$5 \cdot 12 + 5 \cdot 126 = 5 \cdot (12 + 126) = 5 \cdot 138 = 690$$

在第 2 种解法中,我们利用了下面这个有用的恒等式

$$a \cdot b + a \cdot c = a \cdot (b + c)$$

这个恒等式陈述了乘法对加法的分配律.

其次我们将利用几何学来证明分配律对任何正整数 $a, b, c$ 成立. 事实上,相同的方法,也对任何正实数有效.

图 1.4.1 中的矩形有边长 $a$ 和 $b + c$,从而它的面积是 $a \cdot (b + c)$. 另一方面,这个矩形被分为两个矩形,边长分别为 $a, b$ 和 $a, c$. 这两个矩形的面积之和是 $a \cdot b + a \cdot c$,因此这个关系式得到了证明.

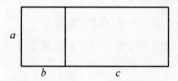

图 1.4.1　分配律的几何证明

以上关系式可以推广到

$$a \cdot b_1 + a \cdot b_2 + \cdots + a \cdot b_n = a \cdot (b_1 + b_2 + \cdots + b_n)$$

其中 $a, b_1, b_2, \cdots, b_n$ 是正整数. 对正整数,我们有类似的几何证明,由图 1.4.2 给出.

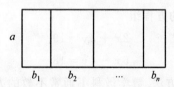

图 1.4.2　几何方法的证明

因此　　　　$a \cdot b_1 + a \cdot b_2 + \cdots + a \cdot b_n = a \cdot (b_1 + b_2 + \cdots + b_n)$

**例 1.4.2**　求值

$$15 \cdot 134 + 50 \cdot 134 + 134 \cdot 35$$

**解**　利用乘法交换律,可以记 $15 \cdot 134 = 134 \cdot 15, 50 \cdot 134 = 134 \cdot 50$,于是

$$134 \cdot 15 + 134 \cdot 50 + 134 \cdot 35 =$$
$$134 \cdot (15 + 50 + 35) =$$
$$134 \cdot 100 = 13\ 400$$

## 练习题与问题

1. 求值:$75 \cdot 211 + 61 \cdot 75 + 75 \cdot 60 + 75 \cdot 81$.

2. 求值:$8\,624 \cdot 309 - 8\,624 \cdot 109$.

3. 求值:$236 \cdot 147 - 146 \cdot 236$.

4. 求值:$824 \cdot 29 + 824 \cdot 71 - 824 \cdot 100$.

5. 求值:$35 \cdot 1\,993 + 1\,991 \cdot 35 - 35 \cdot 3\,980$.

6. 若 $a = 58 \cdot 125 - 25 \cdot 58$,则选择正确答案(    ).

(A)$a = 580$　　　　　(B)$a = 460$

(C)$a = 5\,800$　　　　　(D)$a = 4\,800$

7. $1\,999 \cdot 1\,999 + 1\,999$ 的结果是多少?

8. $(1\,999 \cdot 1\,999 + 1\,999) \div 1\,999$ 的结果是多少?

9. 求值:$10\,000\,000 - 100\,000 \cdot 90$.

10. 求值:$1\,324 + 1\,324 \cdot 1\,326 - 1\,327 \cdot 1\,323$.

11. 证明:$(3^{201} + 3^{204}) \div (3^{201} - 3^{200} + 3^{199})$ 是完全平方数.

# 1.5　解线性方程

很多数学问题要求解方程或方程组. 如果方程(方程组)是线性的,容许解是任何实数,那么这个任务特别容易,例如这是有 1 个未知数 $x$ 的方程

$$5x + 7 = 19 - x$$

而这是有两个未知数 $x$ 和 $y$ 的方程组

$$2x + 3y = 19$$
$$6x - 4y = 18$$

**推测**:有很多种解方程的方法. 数学教科书通常不教的方法是很多学生(和很严肃的数学家们)最喜爱的方法:推测. 容易推测我们第 1 个例子的解是 $x = 2$. 推测是很有用的,事实上,它是一些有效算法的基础,在多次尝试中,推测改善了这些算法. 如果在第 1 个例子中尝试 $x = 0$,那么很快看出它不是解,因为我们得出 $7 = 19$. 如果尝试 $x = 1$,那么得出 $12 = 18$,仍然不正确,但是我们似乎在正确的方向上前进,因为现在两边仅相差 6,而不是首次尝试中相差 12. 实际上,下一次推测 $x = 2$ 给出 $17 = 17$,因此它是我们方程的唯一解.

**代数运算**:但是在很多情形下,我们不能依靠推测,因为解不是 1 个小整数. 在这种情形下,第 1 步是把包含未知数(在这种情形下是 $x$)的所有项移到一边,所有已知值移到另一边. 把 $x$ 加到两边,两边再减去 7,得

$$5x + x = 19 - 7$$

由此容易得

$$6x = 12$$

最后，方程两边除以 6，得

$$x = \frac{12}{6}$$

于是

$$x = 2$$

**方程组**：现在，如果我们有两个未知数的两个方程，那么要如何计算呢？ 如果我们知道原来问题的一些知识，那么可以再利用推测. 我们推导出方程的问题常常可以向我们提供关于解的大小的直观意义. 又如果我们幸运，可以尝试少数推测，也许还能得出需要如何变换它们的方向. 这里我们将看解 $2 \times 2$ 方程组的标准方法，这个方程组就是由含有两个未知数的两个方程构成的，于是我们不需要推测.

为举例说明这一点，我们考虑以下有两个未知数的两个方程的方程组

$$2x + 3y = 19$$
$$6x - 4y = 18$$

**变量代换**：我们可以从两个方程中的任何一个开始，对一个变量（未知数）解出，假设已知另一个变量的值. 例如，从第一个方程可以记

$$y = \frac{19 - 2x}{3}$$

现在我们可以把 $y$ 的这个表达式代入另一个方程，得

$$6x - 4 \cdot \frac{19 - 2x}{3} = 18$$

我们用这个方法把具有两个变量的方程之一变为具有一个变量的方程. 对 $x$ 求解，可以把最后这个方程乘上 3，得

$$18x - 4(19 - 2x) = 54$$

因此

$$18x + 8x = 54 + 4 \cdot 19$$

即 $26x = 130$. 我们求出

$$x = \frac{130}{26} = 5$$

现在可以回到 $y$ 的表达式，把值 $x = 5$ 代入，得

$$y = \frac{19 - 2x}{3} = \frac{19 - 2 \cdot 5}{3} = \frac{9}{3} = 3$$

## 练习题与问题

1.乔的衣袋中有 52 美元.在他买了 16 支铅笔后,还剩下 44 美元.每支铅笔的价格是多少? 尝试用推测与代数运算的方法求解.

2.解以下线性方程组

$$3x + 2y = 498$$
$$2x + 3y = 497$$

尝试用推测和变量代换的方法求解.

3.一只小船以速度 $v$ 顺流航行,在 2 小时中航行了 48 千米的距离.这只小船返航时,逆流而上,在 4 小时中航行了相同距离.求小船的速度 $v$ 与水流的速度 $w$.

4.我考虑了两个数,它们之和是 2 013,它们之差是它们之和的 1/3.那么我考虑的是哪两个数?

5.我的年龄比我女儿的年龄大 30 岁.如果我的年龄比我实际年龄年轻 2 倍,女儿的年龄比她实际年龄多 8 岁,那么我们将有相同的年龄.请问我们各自多少岁了?

## 1.6　幂的比较

一些很有趣的问题可以用本节讨论的两个简单原理来解答.在得出它们之前,我们首先讲幂及其性质.

幂是具有形式

$$a^m = \underbrace{a \cdot a \cdot \cdots \cdot a}_{m次}$$

的整数,其中 $a$ 与 $m$ 是正整数.整数 $a$ 称为幂 $a^m$ 的底,整数 $m$ 称为幂 $a^m$ 的指数.

第 1 个运算包含幂的乘法.如果 $a, m, n$ 是正整数,那么

$$a^m \cdot a^n = a^{m+n}$$

实际上

$$a^m \cdot a^n = (\underbrace{a \cdot a \cdot \cdots \cdot a}_{m个}) \cdot (\underbrace{a \cdot a \cdot \cdots \cdot a}_{n个}) =$$
$$\underbrace{a \cdot a \cdot \cdots \cdot a}_{m+n个} = a^{m+n}$$

第 2 个运算包含幂的除法.如果 $a, m, n$ 是正整数,$m \geqslant n$,那么

$$a^m \div a^n = a^{m-n}$$

实际上

$$a^m \div a^n = (\underbrace{a \cdot a \cdot \cdots \cdot a}_{m \uparrow}) \div (\underbrace{a \cdot a \cdot \cdots \cdot a}_{n \uparrow}) =$$

$$\underbrace{a \cdot a \cdot \cdots \cdot a}_{m-n \uparrow} = a^{m-n}$$

如果 $m = n$,那么显然 $a^0 = 1$.

第 3 个运算包含幂的乘方. 如果 $a, m, n$ 是正整数,那么

$$(a^m)^n = a^{mn}$$

实际上

$$(a^m)^n = \underbrace{a^m \cdot a^m \cdot \cdots \cdot a^m}_{n \uparrow} = \underbrace{(\underbrace{a \cdot a \cdot \cdots \cdot a}_{m \uparrow}) \cdot \cdots \cdot (\underbrace{a \cdot a \cdot \cdots \cdot a}_{m \uparrow})}_{n \uparrow} =$$

$$\underbrace{(a \cdot a \cdot \cdots \cdot a)}_{m \cdot n \uparrow} = a^{m \cdot n}$$

最后的运算包含不同底的幂. 如果 $a, b, n$ 是正整数,那么

$$(a \cdot b)^n = a^n \cdot b^n$$

实际上

$$(a \cdot b)^n = \underbrace{(a \cdot b) \cdot \cdots \cdot (a \cdot b)}_{n \uparrow} = (\underbrace{a \cdot \cdots \cdot a}_{n \uparrow})(\underbrace{b \cdot \cdots \cdot b}_{n \uparrow}) =$$

$$a^n \cdot b^n$$

**例 1.6.1**　把 $9^{3n} \cdot 3^{9n}$ 写成 1 个幂.

**解**　我们有 $9^{3n} = (3^2)^{3n} = 3^{2 \cdot 3n} = 3^{6n}$,因此

$$9^{3n} \cdot 3^{9n} = 3^{6n} \cdot 3^{9n} = 3^{6n+9n} = 3^{15n}$$

**例 1.6.2**　证明:等式 $2 \cdot 2^2 \cdot 2^3 \cdot \cdots \cdot 2^{100} = 32^{1\,010}$.

**证**　连续地应用以上性质,得

$$2 \cdot 2^2 \cdot 2^3 \cdot \cdots \cdot 2^{100} =$$

$$2^{1+2+3+\cdots+100} = 2^{\frac{1}{2}(100 \cdot 101)} =$$

$$2^{50 \cdot 101} = 2^{5 \cdot 1\,010} =$$

$$(2^5)^{1\,010} = 32^{1\,010}$$

为了比较两个幂,我们利用以下两个简单原理. 令 $a, b, m, n$ 是正整数,则:

(1) 相同底:如果 $m \geqslant n$,那么 $a^m \geqslant a^n$.

(2) 相同指数:如果 $a \geqslant b$,那么 $a^m \geqslant b^m$.

**例 1.6.3**　比较整数

$$A = 2^{224} + 2^{223} + 2^{222}$$

与

$$B = 3^{113} + 3^{112} - 5 \cdot 3^{111}$$

**解**　我们可以记

$$A = 2^{222+2} + 2^{222+1} + 2^{222} =$$
$$2^{222} \cdot 2^2 + 2^{222} \cdot 2^1 + 2^{222} =$$
$$2^{222} \cdot (2^2 + 2 + 1) = 7 \cdot 2^{222}$$

和

$$B = 3^{111+2} + 3^{111+1} - 5 \cdot 3^{111} =$$
$$3^{111} \cdot 3^2 + 3^{111} \cdot 3^1 - 5 \cdot 3^{111} =$$
$$3^{111} \cdot (3^2 + 3 - 5) = 7 \cdot 3^{111}$$

注意到 $A = 7 \cdot 2^{222} = 7 \cdot 2^{2 \cdot 111} = 7 \cdot (2^2)^{111} = 7 \cdot 4^{111}$. 因为 $4^{111} > 3^{111}$, 所以 $7 \cdot 4^{111} > 7 \cdot 3^{111}$, 即 $A > B$.

**例 1.6.4** 比较整数 $2^{69}$ 与 $3^{46}$.

**解** 注意到 $69 = 3 \cdot 23, 46 = 2 \cdot 23$, 则可记 $2^{69} = 2^{3 \cdot 23} = (2^3)^{23} = 8^{23}, 3^{46} = 3^{2 \cdot 23} = (3^2)^{23} = 9^{23}$. 因为 $9 > 8$, 所以得 $9^{23} > 8^{23}$, 即 $3^{46}$ 较大.

**例 1.6.5** 比较整数
$$a = (27^{31} - 2 \cdot 9^{46} + 4^{102} \div 2^{203} - 3^{92})^{213}$$

和

$$b = 3^{142}$$

**解** 注意到

$$27^{31} - 2 \cdot 9^{46} + 4^{102} \div 2^{203} - 3^{92} =$$
$$(3^3)^{31} - 2 \cdot (3^2)^{46} + (2^2)^{102} \div 2^{203} - 3^{92} =$$
$$3^{93} - 2 \cdot 3^{92} + 2^{204} \div 2^{203} - 3^{92} =$$
$$3^{92+1} - 2 \cdot 3^{92} + 2^{204-203} - 3^{92} =$$
$$3 \cdot 3^{92} - 2 \cdot 3^{92} + 2 - 3^{92} = 2$$

从而

$$a = 2^{213}$$

现在有 $213 = 3 \cdot 71$ 与 $142 = 2 \cdot 71$. 于是

$$a = 2^{213} = 2^{3 \cdot 71} = (2^3)^{71} = 8^{71}$$
$$b = 3^{142} = 3^{2 \cdot 71} = (3^2)^{71} = 9^{71}$$

因为 $9 > 8$, 所以得 $9^{71} > 8^{71}$, 即 $b > a$.

## 练习题与问题

1. 比较整数
$$a = 2^{113} - 2^{112} - 2^{111}$$

与

$$b = 27^{34} \div 9^{14}$$

2. 令 $a = 2^{90} + 2^{90} + 2^{91} + 2^{92}, b = 3^{62}$,则(    ).

(A)$a > b$

(B)$a = b$

(C)$a < b$

3. 比较整数 $a = 2^{n+2} + 3 \cdot 2^{n+1} - 9 \cdot 2^{n}$ 与 $b = 2^{n+1} \cdot 5^{n} - 10^{n}$,其中 $n$ 是正整数.

4. 令 $a = 2^{m+3} - 2^{m+2} + 2^{m+1} - 2^{m}, b = 3^{n+2} - 3^{n+1} - 3^{n}$,其中 $m$ 与 $n$ 是正整数. 如果 $m = 153, n = 102$,比较 $a$ 与 $b$.

5. 比较整数 $a = 5 \cdot 8^{51}$ 与 $b = 4 \cdot 9^{51}$.

6. 考虑 $a = 121^{17}, b = 7^{34}, c = 3^{68}, d = 4^{51}$,则(    ).

(A)$a > c > d > b$

(B)$a > b > c > d$

(C)$b > c > a > d$

(D)$b > a > c > d$

7. 以递增顺序写出整数 $8^{168}, 126^{72}, 129^{72}$.

8. 以递减顺序写出整数 $8^{168}, 63^{84}, 126^{72}, 129^{72}$.

9. 比较 $123^{456}$ 与 $654^{342}$.

## 1.7  第 1 套问题

1. 求形如 $\overline{xyxz}$ 的所有数,使它们可被 $11, 12, 13$ 整除.

2. 考虑数列 $1, 5, 9, 13, 17, \cdots$:

(1) 求这个数列的第 2 013 项.

(2) 2 013 是这个数列的一项吗?

3. 求值:$3 + 6 + 9 + \cdots + 2\,013$.

4. 有多少个五位数只由偶数组成,其中至少有 1 个数字是 2?

5. 写出以下奇数的数列而不把它们分开

$$13579111315171921\cdots$$

求占用第 2 013 这个位置的数字.

6. 令 $n$ 是大于 1 的整数. 证明:

(1) $2^{n}$ 可以写成 2 个相继奇数之和.

(2) $3^{n}$ 可以写成 3 个相继奇数之和.

(3) $4^{n}$ 可以写成 4 个相继奇数之和.

7. 在从 1 到 111 的整数数列中,数字 1 出现了多少次?

8. 证明

$$145\ 678 + 456\ 781 + 567\ 814 + 678\ 145 + 781\ 456 + 814\ 567$$

是 6 个不同素数之积.

9. 把两个小括号() 插入下式

$$4 \cdot 7 + 5 \cdot 6 \cdot 10 + 1$$

得出 2 013.

10. 求所有素数,使它们可以写成两个其他素数之和与差.

11. 在下列数中,222 的正上方是什么数?

$$1$$
$$2\ 3\ 4$$
$$5\ 6\ 7\ 8\ 9$$
$$10\ 11\ 12\ \cdots$$

### 阿基米德

阿基米德(Archimedes) 是最受尊敬的古希腊数学家和发明家之一. 他于公元前 287 年生在西西里岛港口叙拉库丘兹,此地当时是古希腊殖民地,现在是意大利的一部分. 阿基米德一生大部分时间生活在叙拉库丘兹,在赫农王(King Hieron) 第 2 宫廷时期,他卒于公元前 212 年叙拉库丘兹被罗马兵包围时.

阿基米德一直被看作最重要的数学家之一,因此他的肖像作为装饰菲尔兹这个最具声誉的奖项的奖章的正面并不出人意料(图 1.7.1)

图 1.7.1　菲尔兹奖章的正面装饰着阿基米德的肖像

阿基米德发现了大量以他的名字命名的物理定律和数学定理. 他最喜欢的数学发现

是这样一个定理:一个球的表面积和体积是球外切圆柱表面积和体积的 2/3. 据说他的墓碑上雕刻了这个定理的图案.

　　阿基米德还发现了联系圆周长及其直径,圆面积与半径平方的相同比例常数(现在表示为 π).用现代符号表示为 $C=2\pi r$ 和 $A=\pi r^2$.阿基米德又用 96 边形逼近圆,他求出了 $\pi \approx 22/7$.

　　在阿基米德一生的传说与逸事中,最流行的很可能是现在称为阿基米德原理的故事.当人完全浸入盛满水的澡盆后,阿基米德注意到,他的身体从澡盆中排开一些水,并且这些水溢出.于是,他马上想到了困扰他一段时间的一个问题的答案:国王想要检验他的王冠是否由纯金制成(他怀疑首饰工人掺入了一些银).据传说,阿基米德在发现这个现象后,他忽然离开澡盆,大声呼喊:"我找到了!"

　　在阿基米德的著作《数沙者》中还有更有趣的故事,他尝试估计宇宙的大小与其中的沙粒数.为了做这件事,他发明了一种新方法,类似于我们现代的科学记数法.他考虑的最大数用现在的记号写为 $((10^8)^{(10^8)})^{(10^8)}=10^{8\cdot 10^{16}}$,即 1 后面有 $80 \times 10^{15}$ 个 0.

　　阿基米德的所有发现在 16 世纪通过翻译成阿拉伯文,而被欧洲学者所知,并对现代数学发展有很大影响.他的一些著作,特别是称为《关于力学定理的方法》的小书直到 20 世纪初期还在起作用.而他对现代文明的影响还将更大.

## 1.8　整数的末位数字

　　在本节中,我们将学习解答有关数的问题的有用方法.

　　令 $\overline{a_n \cdots a_1 a_0}$ 是正整数 $N$ 的十进制表示,即

$$N=a_n 10^n + \cdots + a_1 10 + a_0$$

其中数字 $a_0, a_1, \cdots, a_n$ 属于 $\{0,1,\cdots,9\}, a_n \neq 0$.

　　现在我们有 $17=1\cdot 10+7, 2\,011=2\cdot 10^3+1\cdot 10+1$. $N$ 的末位数字是 $l(N)=a_0$,由末两位数字构成的数是 $l_2(N)=\overline{a_1 a_0}$.这些简单概念出现在很多情形中.

　　在以下各例中,我们来求数字 $k^n$ 的幂的末位数字,其中 $k=2,3,\cdots,9,n>0$.

　　**例 1.8.1**　求出 2 的幂的末位数字.

　　**解**　$2^n(n=1,2,\cdots)$ 的末位数字以周期 4 重复(表 1.8.1):

表 1.8.1

| $n$ | 1 | 2 | 3 | 4 | 5 | 6 | 7 | 8 | 9 | ⋯ |
|---|---|---|---|---|---|---|---|---|---|---|
| $l(2^n)$ | 2 | 4 | 8 | 6 | 2 | 4 | 8 | 6 | 2 | ⋯ |

　　**例 1.8.2**　求出 3 的幂的末位数字.

　　**解**　$3^n(n=1,2,\cdots)$ 的末位数字以周期 4 重复(表 1.8.2):

表 1.8.2

| $n$ | 1 | 2 | 3 | 4 | 5 | 6 | 7 | 8 | 9 | $\cdots$ |
|---|---|---|---|---|---|---|---|---|---|---|
| $l(3^n)$ | 3 | 9 | 7 | 1 | 3 | 9 | 7 | 1 | 3 | $\cdots$ |

**例 1.8.3** 求出 4 的幂的末位数字.

**解** $4^n(n=1,2,\cdots)$ 的末位数字以周期 2 重复(表 1.8.3)：

表 1.8.3

| $n$ | 1 | 2 | 3 | 4 | 5 | 6 | 7 | 8 | 9 | $\cdots$ |
|---|---|---|---|---|---|---|---|---|---|---|
| $l(4^n)$ | 4 | 6 | 4 | 6 | 4 | 6 | 4 | 6 | 4 | $\cdots$ |

**例 1.8.4** 求出 5 与 6 的幂的末位数字.

**解** $5^n$ 与 $6^n(n=1,2,\cdots)$ 的末位数字不变(表 1.8.4)：

表 1.8.4

| $n$ | 1 | 2 | 3 | 4 | 5 | 6 | 7 | 8 | 9 | $\cdots$ |
|---|---|---|---|---|---|---|---|---|---|---|
| $l(5^n)$ | 5 | 5 | 5 | 5 | 5 | 5 | 5 | 5 | 5 | $\cdots$ |
| $l(6^n)$ | 6 | 6 | 6 | 6 | 6 | 6 | 6 | 6 | 6 | $\cdots$ |

**例 1.8.5** 求出 7 的幂的末位数字.

**解** $7^n(n=1,2,\cdots)$ 的末位数字以周期 4 重复(表 1.8.5)：

表 1.8.5

| $n$ | 1 | 2 | 3 | 4 | 5 | 6 | 7 | 8 | 9 | $\cdots$ |
|---|---|---|---|---|---|---|---|---|---|---|
| $l(7^n)$ | 7 | 9 | 3 | 1 | 7 | 9 | 3 | 1 | 7 | $\cdots$ |

**例 1.8.6** 求出 8 的幂的末位数字.

**解** $8^n(n=1,2,\cdots)$ 的末位数字以周期 4 重复(表 1.8.6)：

表 1.8.6

| $n$ | 1 | 2 | 3 | 4 | 5 | 6 | 7 | 8 | 9 | $\cdots$ |
|---|---|---|---|---|---|---|---|---|---|---|
| $l(8^n)$ | 8 | 4 | 2 | 6 | 8 | 4 | 2 | 6 | 8 | $\cdots$ |

**例 1.8.7** 求出 9 的幂的末位数字.

**解** $9^n(n=1,2,\cdots)$ 的末位数字以周期 2 重复(表 1.8.7)：

表 1.8.7

| $n$ | 1 | 2 | 3 | 4 | 5 | 6 | 7 | 8 | 9 | $\cdots$ |
|---|---|---|---|---|---|---|---|---|---|---|
| $l(9^n)$ | 9 | 1 | 9 | 1 | 9 | 1 | 9 | 1 | 9 | $\cdots$ |

在以下例题中，我们解答一些有趣的问题，注意力集中在研究数的末位数字.

**例 1.8.8** 令 $N=10^{18}-16$.

(1) 求 $N$ 的末位数字.

(2) 求 $N$ 的所有数字之和.

**解**　(1)$10^{18}$ 的末位数字是 $l(10^{18})=0$,因此 $l(N)=4$.

(2) 可以记 $N$ 为 $\underbrace{99\cdots984}_{16个}$,因此 $N$ 的所有数字之和是

$$\underbrace{9+9+\cdots+9}_{16个}+8+4=156$$

**例 1.8.9**　求 $N=10^{42}-37$ 的末两位数字.

**解**　可以记 $N$ 为 $\underbrace{99\cdots963}_{40个}$,因此 $l_2(N)=63$.

**例 1.8.10**　求下面乘积的末位数字

$$1\cdot2\cdot3\cdot\cdots\cdot2\,008\cdot2\,009$$

**解**　在这个积中,可以求出因数 2 与 5,于是这个积可被 10 整除,末位数字是 0.

**例 1.8.11**　如果要求积 $1\cdot2\cdot3\cdot4\cdot5\cdot6\cdot7\cdot8\cdot9\cdot10\cdot11$ 的值,我们将求出它的末尾有多于 1 个 0.那么有多少个 0 呢?

**解**　0 的个数依赖于这个积中因数 2 与 5 的个数.在我们的情形下,有包含 5 的两个因数(5 和 10)和多于两个的因数 2,因此这个数的末两位都是 0.

**例 1.8.12**　积 $1\cdot2\cdot3\cdot\cdots\cdot24\cdot25$ 通常表示为 25!(读作:25 的阶乘).求 25! 的末尾 0 的个数.

**解**　0 的个数由积 $1\cdot2\cdot3\cdot\cdots\cdot24\cdot25$ 中包含的因数 5 的个数给出.我们有以下 5 的倍数

$$5,10,15,20,25$$

这些数共有 6 个 5 的因数.容易检验,因数含 2 的数多于 6 个(事实上有 22 个).因此 25! 的末尾有 6 个 0.

# 练习题与问题

1.求 $2\,009^{2\,009}$ 的末位数字.

2.考虑整数

$$N=2\,007+2\,007^3+2\,007^5+\cdots+2\,007^{2n-1}$$

其中 $n$ 是正整数.证明:

(1) 如果 $n=50$,那么 $N$ 的末位数字是 0.

(2) 如果 $n=101$,那么 $N$ 的末位数字是 7.

3.证明:对任一正奇数 $n$,$3^n+7^n$ 的末位数字是 0.

4.求 $(10^{2\,000}-9)\cdot10^2$ 的数字之和.

5.求 $10^{15}-231$ 的末三位数字.

6.求以下整数的末位数字

$$N=1 \cdot 2 \cdot 3 \cdot 4 \cdot \cdots \cdot 98 \cdot 99 - 1 \cdot 3 \cdot 5 \cdot 7 \cdot \cdots \cdot 97 \cdot 99$$

7.求 $2^{1+2+3+\cdots+2\,009}$ 的末位数字.

8.求 $50!$ 的末尾 $0$ 的个数.

# 1.9  素  数

高斯称算术和数论是数学的皇后.而素数及其性质是它们的核心.

1.整数 $p>1$ 称为素数,如果它只有因数 $1$ 与 $p$ 本身.

素数定义的直接推论是下面这个性质:

任何整数 $n(n>1)$ 至少有 $1$ 个素因数.

**证**    如果 $n$ 是素数,那么这个素因数是 $n$ 本身.如果 $n$ 不是素数,那么令 $a$ 是大于 $1$ 的它的最小素因数.如果 $a$ 不是素数,那么 $a=a_1 \cdot a_2, 1<a_1 \leqslant a_2<a, a_1 \mid n$,与 $a$ 的极小性矛盾.

2.不是素数的整数 $n(n>1)$ 称为合数.

这个定义的直接推论是下面这个性质:

如果 $n$ 是 $1$ 个合数,那么它有 $1$ 个素因数 $p$,使 $p^2$ 不大于 $n$.

**证**    实际上,可记 $n=ab, 1<a \leqslant b$,可见 $a^2 \leqslant n$,证毕.

以下结果在 2000 多年前就为人所知,并在欧几里得的《几何原本》一书中得到了证明:素数有无穷多个.

**证**    正如欧几里得的证明方法一样,我们也用反证法证明.设只有有限个素数: $p_1<p_2<\cdots<p_m$. 考虑数 $P=p_1 p_2 \cdots p_m+1$. 如果 $P$ 是素数,那么 $P>p_m$,与 $p_m$ 的最大性矛盾.因此 $P$ 是合数,从而它有素因数 $p>1$,这一定是素数 $p_1,p_2,\cdots,p_m$ 之一,例如 $p_k$. 由此推出 $p_k \mid p_1 \cdots p_k \cdots p_m+1$,这与 $p_k \mid p_1 \cdots p_k \cdots p_m$ 一起,蕴涵 $p_k \mid 1$,矛盾.

**注**    直到 2013 年 11 月,最大的已知素数是 $2^{57\,885\,161}-1$.它是 2013 年 1 月被发现的,它有 17 425 170 个数字.

逐次提出素因数,我们可以把任一整数写成素数(可能只有 $1$ 个素数)之积.这样的积称为数的素因式分解.例如 $420=2 \cdot 2 \cdot 3 \cdot 5 \cdot 7$.给定一个素因式分解,因数的任一重定序给出另一个素因式分解,例如 $420=7 \cdot 2 \cdot 5 \cdot 2 \cdot 3$.算术中最基本的公式称为算术基本定理,它保证我们有素因式分解,且在本质上只有 $1$ 个.

**算术基本定理**:任一整数 $n(n>1)$ 有唯一的素数之积表达式(包含重定序).

**例 1.9.1**　求满足下式的素数 $a,b,c$

$$a+b=108$$

与

$$a-b-c=32$$

**解**　因为 $a+b$ 是偶数,所以 $a-b=(a+b)-2b$ 也是偶数.由 $a-b-c=32$ 得 $c$ 是偶数,因为 2 是唯一的偶素数,所以我们知道 $c=2$,因此

$$a+b-108$$

与

$$a-b=34$$

是二元一次方程组.我们来解它,首先把这两个方程相加,得 $2a=a+b+a-b=108+34=142$.由此得 $a=71,b=108-71=37$.所以 $a=71,b=37,c=2$.

**例 1.9.2**　求满足下式的素数 $a,b,c$

$$4a+5b+15c=75$$

**解**　在本题中,我们将利用以下事实:如果 1 个素数整除两个整数之积,那么它至少整除这两个整数之一.因为 $4a=75-5b-15c=5(15-b-3c)$,所以推出 $a$ 可被 5 整除,从而 $a=5$.我们得 $5b+15c=55$,即 $b+3c=11$. $b$ 与 $3c$ 之一一定是偶数,否则整数 $b+3c$ 是偶数.我们必须分为两种情形:

情形 1: $b=2$.则 $3c=9$,从而 $c=3$.

情形 2: $c=2$.则 $b=5$.

由此我们得到两个解

$$a=5,b=2,c=3$$

和

$$a=5,b=5,c=2$$

**例 1.9.3**　如果

$$5 \cdot \overline{ab}-7 \cdot x=\overline{ba}$$

求出素数 $\overline{ab},\overline{ba},x$.

**解**　我们有 $\overline{ab}=10a+b,\overline{ba}=10b+a$.关系式

$$5 \cdot \overline{ab}-7 \cdot x=\overline{ba}$$

等价于

$$5(10a+b)-7 \cdot x=10b+a$$

即

$$49 \cdot a-7 \cdot x=5 \cdot b$$

因为 $49 \cdot a-7 \cdot x=7(7a-x)$,所以得 $b=7,7a-x=5$.考虑到 $a$ 是非零数字, $x$ 是素数,则可能的解是

$$a = 1, x = 2$$
$$a = 4, x = 23$$
$$a = 6, x = 37$$

但是只有情形 $a=1$ 得出素数 $\overline{ab}$ 与 $\overline{ba}$,因此唯一的解是 $\overline{ab}=17, \overline{ba}=71, x=2$.

**例 1.9.4** 求所有正整数 $n$,使 $n, n+10, n+14$ 是素数.

**解** 显然 $n$ 一定是奇数. 对 $n=3$,得 $3,13,17$,这 3 个数都是素数. 如果 $n \geqslant 4$,那么对某个整数 $k>1, n$ 具有形式 $3k, 3k+1, 3k+2$. 在第 1 种情形下,当 $k>1$ 时,$n$ 显然是合数. 在第 2 种情形下,我们有 $n+14 = 3k+15 = 3(k+5)$,又是合数. 如果 $n=3k+2$,那么得 $n+10 = 3k+12 = 3(k+4)$,这也是合数. 所以唯一解是 $n=3$.

## 练习题与问题

1. 求满足 $3a+6b+2c=27$ 的所有素数 $a, b, c$.

2. 求所有素数 $a, b, c$,使 $a+b+c=86, a+c=55$.

3. 求所有正整数 $n$,使 $n+1, n+3, n+7, n+9, n+15$ 都是素数.

4. 求所有正整数 $n$,使 $n+1, n+5, n+7, n+11, n+13, n+17, n+23$ 都是素数.

5. 求所有素数 $p$,使 $p^2+2$ 和 $p^2+4$ 也是素数.

6. 求所有素数 $p$,使 $p, p+4, p+24, p^2+10, p^2+34$ 也是素数.

7. 证明:对所有 $n \geqslant 0$,整数 $2 \cdot 10^n + 61$ 是合数.

# 1.10 在计算中利用符号

在本节中,我们将学习利用很好选择的符号来解答一些难题,这些符号简化了计算. 好符号的利用也引出一些一般法则.

**例 1.10.1** 正整数 $a, b, c, d, e$ 满足关系式
$$a+b=12, a+c=10, a+d=14, a+e=16$$
又 $x = a+b+c+d+e$,则( ).

(A) $x > 53$　　(B) $x < 24$　　(C) $x = 20$　　(D) $x < 52$

**解** 首先注意,取 $a=1$,得 $b=11, c=9, d=13, e=15$,从而 $x=49$. 因此选项(A),(B),(C)不正确. 如果把所有关系式相加,那么得 $4a+b+c+d+e=52$. 这等价于 $x+3a=52$. 因为 $a \geqslant 1$,所以得 $x < 52$,即(D)正确.

**例 1.10.2** 正整数 $a, b, c$ 满足关系式
$$a+b+c=72$$
和

$$a + 3b - 2c = 50$$

(1) 证明:$3a + 5b = 194$.

(2) 设 $(a,b,c)$ 是以上方程组具有 $b$ 为最大值的解. 求 $(a,b,c)$.

**解**  (1) 第 1 个方程乘以 2,得 $2a + 2b + 2c = 144$. 再把这个关系式加到 $a + 3b - 2c = 50$,得

$$2a + 2b + 2c + a + 3b - 2c = 194$$

这就是所要求的关系式 $3a + 5b = 194$.

(2) 因为 $b$ 是最大整数,$3a + 5b = 194$,所以得 $a$ 是满足这个性质的最小整数.

对 $a = 1$,得 $5b = 191$,这不可能,因为 191 不可被 5 整除.

对 $a = 2$,得 $5b = 188$,这也不可能.

对 $a = 3$,得 $5b = 185$,从而 $b = 37$. 把 $a = 3, b = 37$ 代入关系式 $a + b + c = 72$,得 $3 + 37 + c = 72$,则 $c = 32$. 因此 $(a,b,c) = (3,37,32)$.

**例 1.10.3**  正整数 $a,b,c$ 满足关系式

$$a + b = 45$$

和

$$b + c = 30$$

求 $3a + 4b + c$.

**解**  我们可以记

$$3a + 4b + c = 3a + 3b + b + c = 3(a+b) + b + c =$$
$$3 \cdot 45 + 30 = 135 + 30 = 165$$

**例 1.10.4**  令

$$E = \frac{\overline{xy} + \overline{yz} + \overline{zx}}{x + y + z}$$

其中 $\overline{ab}$ 是具有数字 $a$ 和 $b$ 的数,求 $E$.

**解**  我们有

$$\overline{xy} = 10x + y$$
$$\overline{yz} = 10y + z$$
$$\overline{zx} = 10z + x$$

从而

$$\overline{xy} + \overline{yz} + \overline{zx} = 10x + y + 10y + z + 10z + x =$$
$$11x + 11y + 11z =$$
$$11(x + y + z)$$

由此得

$$E = \frac{11(x + y + z)}{x + y + z} = 11$$

## 练习题与问题

1. 令 $a,b,c$ 是正整数,使 $a+b=5,c=15$. 求 $ac+bc+c$.

2. 令 $a,b,c$ 是正整数,满足

$$ab+ac=bc+c^2$$

和

$$b+c=15$$

求:

(1) $a$ 与 $c$ 之间的关系式.

(2) 和 $a+2b+c$.

(3) 积 $(a^2-b^2)(b^2-c^2)(c^2-a^2)$.

3. 如果 $a+b=10,a+c=15$,求值:

(1) $2a+b+c$.

(2) $a^2+ab+10c$.

4. 如果 $b+c=2,2a+b=5$,求值:

(1) $4a+3b+c$.

(2) $4a^2+2ab+6b+c$.

5. 令 $a=(\overline{xyzt}+\overline{xyz}-\overline{yzt}-\overline{yz})\div x$,其中 $x,y,z,t$ 是十进制数字. 求 $a$.

6. 求所有整数 $\overline{abcd}$,使其满足以下关系式

$$\overline{abcd}+\overline{bcd}+\overline{cd}+d=3\ 102$$

7. 取小于 100 的任意一个数,乘以 99,把这个结果的数字相加. 你能得出什么数? 证明:无论你开始取小于 100 的什么数,你总能得到这个结果.

8. 求正整数 $a,b,c$,使

$$ab=144,bc=240,ac=60$$

# 1.11　分　　数

在图 1.11.1 中有多少个画上阴影的六边形呢?

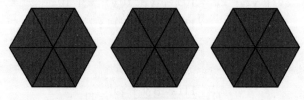

图 1.11.1

我们容易算出有 3 个画上阴影的六边形.那么我们要怎样算出六边形的以下部分呢 (图 1.11.2)?

图 1.11.2

**分数**:答案是分数.如果我们把这个六边形分为 6 个相等的部分,那么看到的这个六边形的阴影部分实际上由 4 个小部分组成.于是,这是由 6 个小部分中的 4 个小部分组成的.这里我们记为 $\frac{4}{6}$,其中上面的数称为分子,下面的数称为分母.我们把这个分数读作"六分之四".

当我们需要同时计算整数和分数时,则称它们为带分数.例如,怎样表示图 1.11.3 中有多少个画上阴影的正方形呢?

图 1.11.3

答案是 2 和 $\frac{3}{4}$,记作 $2\frac{3}{4}$,读作"二又四分之三".事实上,它正是 $2+\frac{3}{4}$.

**等值分数**:注意,对分子等于分母的任一分数,它的值是 1.因此

$$1=\frac{1}{1}=\frac{2}{2}=\frac{3}{3}=\frac{4}{4}=\cdots$$

这引导出等值分数的概念.分数是等值的,如果它们表示相同的数量.例如,$\frac{1}{2}$ 表示某物的一半,$\frac{3}{6}$ 虽然外观不同,但是确实表示相同的数量,因为 3 是 6 的一半.注意下式

$$\frac{1}{2}=\frac{1}{2}\cdot 1=\frac{1}{2}\cdot\frac{3}{3}=\frac{1\cdot 3}{2\cdot 3}=\frac{3}{6}$$

**分数的化简**:我们看到 $\frac{3}{6}$ 与 $\frac{1}{2}$ 是相等的,于是一定有从一个分数得出另一个分数的方法.当我们做这件事时,我们倾向于从较大值化为较小值,这称为分数的化简.例如,我们来看 $\frac{150}{250}$.有两条化简法则:

(1) 你可以把分子和分母除以不为 0 的任何相同数. 但你不能把分子除以 3, 分母除以 5.

(2) 你需要使分子和分母尽可能的小.

在 $\frac{150}{250}$ 的情形, 我们看出, 可以把分子与分母都除以 5. 如果这样做, 就得到 $\frac{30}{50}$. 但是我们还可以继续做, 因为可以把分子与分母同除以 10, 得出更简单的表达式. 如果除以 10, 那么得 $\frac{3}{5}$, 正如我们看到的, 不能再除以任何其他的数. 因此 $\frac{3}{5}$ 是 $\frac{150}{250}$ 的最简表达式.

化简以下分数：

(1) $\frac{24}{30}$.

(2) $\frac{512}{1\,024}$.

(3) $\frac{10\,000}{100\,000}$.

化简分数的最快方法是求分子与分母的最大公因数 (即 gcd). 在 $\frac{150}{250}$ 的情形下, gcd(150, 250) = 50. 如果分子与分母同除以 50, 那么将得出与前面相同的结果：$\frac{150/50}{250/50} = \frac{3}{5}$.

**分数的比较**：在研究分数时, 我们常常需要确定, 在一些分数中哪个分数最大或最小. 有一个简单的方法可以找到答案！

例如, 考虑分数 $\frac{2}{3}$ 与 $\frac{4}{7}$. 我们来求哪个分数较大. 首先以如下方法写出它们

$$\frac{2}{3} \ ? \ \frac{4}{7}$$

其中问号表示 >, = 或 <, 我们要找到哪个符号是合适的符号. 为了做这件事, 我们把第 1 个分数的分子乘以第 2 个分数的分母, 把第 2 个分数的分子乘以第 1 个分数的分母. 用这种方法得

$$14 \ ? \ 12$$

现在知道 14 > 12. 这表示第 1 个分数大于第 2 个分数.

再来看两个分数 $\frac{2}{3}$ 与 $\frac{4}{5}$. 同前, 记它为

$$\frac{2}{3} \ ? \ \frac{4}{5}$$

如果做相同的步骤, 得

$$10 \ ? \ 12$$

注意 $12 > 10$.这表示第 2 个分数较大.如果这个数相同,那么表示两个分数相等.

比较以下分数的大小:

(1) $\dfrac{7}{8}$，$\dfrac{8}{9}$.

(2) $\dfrac{3}{7}$，$\dfrac{12}{26}$.

(3) $\dfrac{25}{36}$，$\dfrac{49}{64}$.

(4) 证明:对于任一整数 $n$，$\dfrac{n}{n+1}$ 总小于 $\dfrac{n+1}{n+2}$.

**分数的加法与减法**:我们现在继续说明如何进行分数的相加与相减.从较容易的情形分母相等开始.例如,已知分数 $\dfrac{1}{7}$ 与 $\dfrac{2}{7}$,要求它们的和.在分母相等的情形下,我们需要把分子相加,保留分母不变.因此

$$\frac{1}{7}+\frac{2}{7}=\frac{1+2}{7}=\frac{3}{7}$$

如果要从 $\dfrac{2}{7}$ 减去 $\dfrac{1}{7}$,我们也保留分母不变,只要把分子相减即可,因此

$$\frac{2}{7}-\frac{1}{7}=\frac{2-1}{7}=\frac{1}{7}$$

当分母不相等时,我们要怎样做呢? 这要更复杂一些,但是一旦你掌握了窍门,它就变得容易了.我们来求和

$$\frac{3}{7}+\frac{5}{8}$$

第 1 步是求分母的最小公倍数.在我们的情形下,是 $7\cdot 8=56$.其次把每个分数化为具有分母均为 56 的分数.从而 $\dfrac{3}{7}$ 变为 $\dfrac{3\cdot 8}{7\cdot 8}=\dfrac{24}{56}$，$\dfrac{5}{8}$ 变为 $\dfrac{5\cdot 7}{8\cdot 7}=\dfrac{35}{56}$.因此

$$\frac{3}{7}+\frac{5}{8}=\frac{24}{56}+\frac{35}{56}=\frac{59}{56}=1\frac{3}{56}$$

把以下各对分数相加:

(1) $\dfrac{4}{5}+\dfrac{2}{16}$.

(2) $\dfrac{5}{30}+\dfrac{6}{42}$.

(3) $\dfrac{1}{2}+\dfrac{2}{3}+\dfrac{3}{4}$.

(4) $\dfrac{1}{1\cdot 2}+\dfrac{1}{2\cdot 3}+\cdots+\dfrac{1}{9\cdot 10}$（注:$\dfrac{1}{k(k+1)}=\dfrac{1}{k}-\dfrac{1}{k+1}$）.

(5) $\dfrac{1}{1+2}+\dfrac{1}{1+2+3}+\dfrac{1}{1+2+3+4}+\cdots+\dfrac{1}{1+2+3+\cdots+2\,009}.$

同样的方法也适用于减法.

**分数的乘法与除法**:现在我们将学习如何进行分数的相乘与相除.在两个分数相乘时,必须把分子与分子相乘,分母与分母相乘,由此得出结果.例如

$$\frac{2}{3}\cdot\frac{4}{5}=\frac{2\cdot4}{3\cdot5}=\frac{8}{15}$$

$$\frac{4}{7}\cdot\frac{3}{10}=\frac{4\cdot3}{7\cdot10}=\frac{12}{70}=\frac{6}{35}$$

两个分数的除法包括一个附加步骤.例如,我们求

$$\frac{2}{3}\div\frac{4}{5}$$

我们可以把除法换为利用第 2 个分数的倒数的乘法.因此

$$\frac{2}{3}\div\frac{4}{5}=\frac{2}{3}\cdot\frac{5}{4}=\frac{10}{12}=\frac{5}{6}$$

在以下练习题中作乘法与除法:

(1) $\dfrac{7}{11}\cdot\dfrac{3}{4}.$

(2) $\dfrac{2}{9}\div\dfrac{6}{7}.$

(3) $\dfrac{1}{2}\cdot\dfrac{2}{4}\cdot\dfrac{4}{8}\cdot\cdots\cdot\dfrac{64}{128}.$

# 练习题与问题

1.求值:

$$\left(1-\frac{1}{2}\right)\cdot\left(1-\frac{1}{3}\right)\cdot\left(1-\frac{1}{4}\right)\cdot\cdots\cdot\left(1-\frac{1}{100}\right)$$

2.证明

$$\frac{1}{7}-\frac{1}{8}+\frac{1}{9}-\frac{1}{10}=\frac{1}{15}-\frac{1}{18}+\frac{1}{24}-\frac{1}{42}$$

3.求值

$$2-\cfrac{1}{2-\cfrac{1}{2-\cfrac{1}{2-\cdots}}}$$

4. 证明

$$\frac{\left(\frac{1}{3}+\frac{3}{2}\right)\left(\frac{5}{6}+\frac{6}{5}\right)}{\left(\frac{1}{2}-\frac{4}{9}\right)\left(\frac{1}{5}-\frac{1}{6}\right)}=2\,013$$

5. 求所有的数字对 $(a,b)$,使

$$\frac{\overline{ab}}{\overline{ba}}=2-\frac{b}{u}$$

## 1.12  第 2 套问题

1. 大于 4 而小于 60 的所有素数之和是多少?

2. 如果 $x$ 和 $y$ 是非零数,使 $x$ 是 $y$ 的 $p\%$,$y$ 是 $x$ 的 $4p\%$,求 $p$.

3. 如果 $a$ 是 $b,c,x$ 的平均值,而 $b$ 是 $a,c,y$ 的平均值,证明:$a+b-c$ 是 $x,y$ 的平均值.

4. 数 $1,2,\cdots,1\,000$ 可被数 4 与 5 中至少一个数整除的百分数是多少?

5. 在教室里有 8 个男孩和 9 个女孩. 男孩的平均年龄是 10 岁 9 个月,女孩的平均年龄是 10 岁 8 个月. 他们的老师的年龄恰好超过 52 岁. 则这个教室里所有人的平均年龄是多少?

6. Alice 注意到,对她的社会保险数

$$ABC\,DE\,FGHI$$

加法 $\overline{ABC}+\overline{DE}=\overline{FGHI}$ 是正确的. 求不含数字 7 的所有这样的社会保险数,它的所有数字是不同的,且 $A,D,F\neq 0$.

7. 证明:数 $3+3^2+\cdots+3^{60}$ 可被 $2^3\cdot 3\cdot 5\cdot 11^2\cdot 13$ 整除.

8. 求非零数字 $a,b,c,d$,使四位数 $\overline{abcd},\overline{bcda},\overline{cdab},\overline{dabc}$ 的和具有最大可能的因数的个数.

9. 求值:$100^2-99^2+98^2-97^2+\cdots+2^2-1$.

10. 证明:对一些正整数 $a,b,c,d$,$2\,013$ 可以写成 $(a^2-b^2)(c^2+d^2)$.

11. 证明:对一些正整数 $a,b,c,d$,$2\,015$ 可以写成 $(a^2-b^2)(c^2+d^2)$.

## 牛 顿

牛顿(S. I. Newton,图 1.12.1),英国物理学家和数学家,是人类历史上最重要的伟大人物之一,他在光学、力学、万有引力理论方面的重大发现,以及现在称为微积分学的发现而被人们所铭记. 牛顿生于 1643 年 1 月 4 日,即英国那时使用的儒略历 1642 年 12 月 25 日. 这就是为什么我们经常看到他出生的年份有时是 1642 年,有时是 1643 年. 牛顿卒

于 1727 年 3 月 31 日. 他在剑桥大学学习的那些年里, 剑桥大学因大瘟疫而暂时停课 2 年. 在家中度过的那些时间里, 牛顿研究了自然哲学, 发明了叙述与分析自然哲学原理需要的数学微积分. 他在皇家协会上借助图像发表了他的发现. 在他的著作中, 最著名的是《自然哲学的数学原理》和《光学》, 它们是现代科学中最重要和最具有影响的著作之一.

图 1.12.1    牛顿(1642—1727)

牛顿的名字与物理学中的运动定律、万有引力定律有关. 在很多数学发现中, 有一个就是现在称为牛顿二项式的公式

$$(a+b)^n = \begin{bmatrix} n \\ 0 \end{bmatrix} a^n b^0 + \begin{bmatrix} n \\ 1 \end{bmatrix} a^{n-1} b^1 + \cdots +$$

$$\begin{bmatrix} n \\ k \end{bmatrix} a^{n-k} b^k + \cdots + \begin{bmatrix} n \\ n \end{bmatrix} a^0 b^n$$

其中系数 $\begin{bmatrix} n \\ k \end{bmatrix}$ 是二项式系数, 它也出现在帕斯卡三角形中

$$1$$
$$1 \quad 1$$
$$1 \quad 2 \quad 1$$
$$1 \quad 3 \quad 3 \quad 1$$
$$1 \quad 4 \quad 6 \quad 4 \quad 1$$
$$1 \quad 5 \quad 10 \quad 10 \quad 5 \quad 1$$
$$1 \quad 6 \quad 15 \quad 20 \quad 15 \quad 6 \quad 1$$

例如, 对 $n=4$, 我们看出这一行数为 $1,4,6,4,1$, 它分别给出 $\begin{bmatrix} 4 \\ 0 \end{bmatrix}$, $\begin{bmatrix} 4 \\ 1 \end{bmatrix}$, $\begin{bmatrix} 4 \\ 2 \end{bmatrix}$, $\begin{bmatrix} 4 \\ 3 \end{bmatrix}$, $\begin{bmatrix} 4 \\ 4 \end{bmatrix}$ 的值. 因此

$$(a+b)^4 = a^4 + 4a^3b + 6a^2b^2 + 4ab^3 + b^4$$

## 1.13　有趣的序列

序列是有序的对象明细表.所谓有序,指的是有第 1 项,第 2 项,等等.序列的项可以是任一对象.例如,字母 $A$ 或数 3 可以是序列的项.如下是一些序列的例子:

(1)$A,B,C,\cdots,Z$(英文字母).

(2)$1,2,3,\cdots,10$(从 1 到 10 的整数).

(3)$0,2,4,6,\cdots$,所有递增顺序的非负偶数.

在上例中我们有 3 个类似的不同序列.第 1 个序列有 26 项,第 2 个序列有 10 项,最后一个序列比较复杂,因为我们不能写出所有的项.在这种情形下,我们说它有无数项,我们将把特殊序列中的项数称为序列的长度.

作为序列的初步介绍,我们给出几道练习题,仔细看给定的对象,尝试找出它们之间可能的联系,这将帮助你算出合乎逻辑的下一项.

### 练习题与问题

在下列已知对象的序列中,确定最有可能的下一个元素.

1.J F M A.

2.如图 1.13.1 所示.

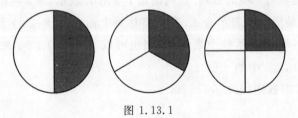

图 1.13.1

3.W,T,F,S.

4.61,52,63,94,46.

5.如图 1.13.2 所示.

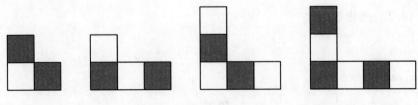

图 1.13.2

6. 如图 1.13.3 所示.

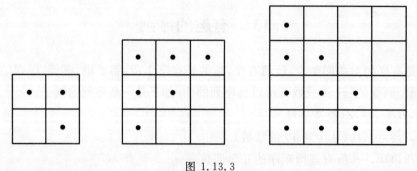

图 1.13.3

7. 如图 1.13.4 所示.

图 1.13.4

## 1.14 数　　列

在本节中,我们将引入一些理论和符号,我们还将介绍有关数列的数学方面的内容.

**定义 1**　令 $S$ 是具有 $n$ 项的数列.数列的第 1 项用 $a_1$ 表示,第 2 项用 $a_2$ 表示,第 3 项用 $a_3$ 表示,等等,直至最后一项表示为 $a_n$.我们将称每个 $a_k(1 \leqslant k \leqslant n)$ 为数列的一项.在以上定义中,我们用字母 $S$ 表示整个数列.我们也可以引用 $(a_k)_{1 \leqslant k \leqslant n}$ 来表示整个数列(注意, $a_k$ 表示数列 $(a_k)_{1 \leqslant k \leqslant n}$ 中的一项).

**例 1.14.1**　考虑数列 $(a_n)_{n \geqslant 1}$

$$a_n = \frac{1}{n}$$

求 $a_1, a_2, a_3, a_4, a_5$.

**解**　$a_1 = \frac{1}{1}, a_2 = \frac{1}{2}, a_3 = \frac{1}{3}, a_4 = \frac{1}{4}, a_5 = \frac{1}{5}$.

**例 1.14.2**　考虑数列

$$a_n = \frac{1}{n(n+1)}$$

求 $a_1, a_2, a_3, a_4, a_5$.

**解**　$a_1 = \frac{1}{1 \cdot 2} = \frac{1}{2}, a_2 = \frac{1}{2 \cdot 3} = \frac{1}{6}$,等等.

**定义 2**　等比数列(又称几何数列)是具有以下形式的数列

$$a,ar,ar^2,ar^3,\cdots,ar^n$$

其中初始项(第 1 项,首项)$a$ 与公比 $r$ 都是任何非零的实数.

注意,在等比数列中,每一项等于前一项乘以公比.

**例 1.14.3**　令 $a=-1$ 是等比数列的首项,$r=-1$ 是公比.列出数列的前 5 项.

**解**　$a_1=a=-1,a_2=(-1)\cdot(-1)=1,a_3=(-1)\cdot(-1)^2=-1$,等等.

**例 1.14.4**　令 $a=2$ 是等比数列的首项,$r=5$ 是公比,列出数列的前 6 项.

**解**　$a_1=a=2,a_2=2\cdot5=10,a_3=2\cdot(5)^2=50$,等等.

**定义 3**　等差数列(又称算术数列)是具有以下形式的数列

$$a,a+d,a+2d,a+3d,\cdots,a+nd,\cdots$$

其中初始项(第 1 项,首项)$a$ 与公差 $d$ 可以是任何实数.

**例 1.14.5**　令 $a=1$ 是等差数列的首项,$d=7$ 是公差,列出数列的前 5 项.

**解**　$a_1=a=1,a_2=a_1+d=a+d=8,a_3=a_2+d=a+2d=1+2\cdot7=15$,等等.

数学中的普通问题是求出构造数列各项的通项公式或一般法则.经常只给出数列的少数项,目的是发现这个数列.数列的首项并不决定整个数列(有无限多个数列从这个首项开始),因此我们常常考虑最简单的数列.

**例 1.14.6**　由以下前 5 项求出数列的通项公式:

(1)$1,\dfrac{1}{2},\dfrac{1}{4},\dfrac{1}{8},\dfrac{1}{16}$.

(2)$1,3,5,7,9$.

(3)$1,-2,3,-4,5$.

**解**　(1) 我们看出分母是 2 的幂.因此数列 $a_n=\dfrac{1}{2^n}(n=0,1,2,\cdots)$ 可能适合.这个数列是首项 $a=1$,公比 $r=\dfrac{1}{2}$ 的等比数列.

(2) 注意,数列只由奇数组成,每一项是由前一项加上 2 得出的.因此数列 $a_n=2n+1(n=0,1,2,\cdots)$ 可能适合.这个数列是首项 $a=1$,公差 $d=2$ 的等差数列.

(3) 此数列各项以负数与正数交替,且绝对值增加.因此数列 $a_n=(-1)^{n-1}\cdot n(n=1,2,\cdots)$ 可能适合.

## 练习题与问题

在以下各数列中,求出下一项是多少?

1.$1,4,7,10,13,\cdots$.

2.$1,2,4,8,16,32,\cdots$.

3. $2,3,5,7,11,13,\cdots$.

4. $1,3,7,15,31,63,\cdots$.

5. $2,5,14,41,\cdots$.

6. $-1,2,7,14,23,\cdots$.

7. $1,3,6,10,15,21,\cdots$.

8. $1,1,2,3,5,8,\cdots$.

## 1.15　有限数列中的项数及其他

我们来看所有两位的自然数

$$10,11,12,13,\cdots,98,99$$

我们说它们组成有限数列.通常重要的是知道数列中有多少项,像这个例子中就有90项.

在本节中,我们将学习计算有限数列中的项数.

很多重要数列是无限的,例如斐波那契数列

$$1,1,2,3,5,8,13,21,34,55,\cdots$$

我们将在以后学习无限数列.

我们称数

$$a_1,a_2,\cdots,a_n$$

组成有限数列.在这种情形下,数列有 $n$ 项.为了计算数列中的项数,通常要求出产生这个数列的通项公式(法则):

**例 1.15.1**　一个数列的各项由下面的法则产生

$$2n+1,n=1,2,\cdots$$

(1)写出这个数列的前5项.

(2)判定 2 009 是不是这个数列的一项.如果是,请指出它是第几项.

**解**　(1)我们有 $2\cdot1+1=3,2\cdot2+1=5,2\cdot3+1=7,2\cdot4+1=9,2\cdot5+1=11$,因此前5项是 $3,5,7,9,11$.

(2)我们需要求出整数 $n$,使 $2n+1=2\ 009$.这等价于 $2n=2\ 008$,从而 $n=1\ 004$.由此得出 2 009 确实是这个数列的一项.它是第 1 004 项.

**例 1.15.2**　对 $n=1,2,\cdots$,数列各项由法则 $5n-2$ 产生,求第 80 项是多少.

**解**　要求的项是 $5\cdot80-2=400-2=398$.

**例 1.15.3**　求由法则 $5n$ 产生的数列的所有项,使 $5n$ 的值在 80 与 100(包含)之间.

**解**　我们有 $5\cdot16=80,5\cdot20=100$,因此所求各项对应于位置 $16,17,18,19,20$.这些项是 $80,85,90,95,100$.

**例 1.15.4**　求出确定以下数列各项的法则:

(1)4,7,10,13,16,19,22.

(2)1,3,5,7,9,11,13,15,17.

(3)1,4,9,16,25,36,49,64,81.

**解**　(1)$3n+1,n=1,2,\cdots,7$.

(2)$2m+1,m=0,1,2,\cdots,8$.

(3)$k^2,k=1,2,\cdots,9$.

**例 1.15.5**　在数列 $1,3,5,\cdots,309,311$ 中有多少项?

**解**　数列由法则 $2n-1,n=1,2,\cdots$,定义,从而我们要求正整数 $n$,使 $2n-1=311$.我们得 $2n=312$,于是 $n=156$.由此得出,我们的数列的各项对应于正整数 $n=1,2,\cdots,156$,因此有 156 项.

# 练习题与问题

1.在数列

$$7,8,9,\cdots,102,103$$

中有多少项?

2.在数列

$$0,2,4,6,\cdots,886,888$$

中有多少项?

3.在数列

$$1,2,3,4,5,6,7,6,5,4,3,2,1,2,3,4,\cdots$$

中,求出位于第 1 000 个位置的整数.

4.求出定义数列

$$1\cdot2,2\cdot3,3\cdot4,4\cdot5$$

的法则.

5.在数列

$$1\cdot3,2\cdot4,3\cdot5,4\cdot6,\cdots$$

中,求出位于第 500 个位置的整数.

6.求出产生数列

$$0,2,4,6,8,10,12,13,14,16,18,20,21,22$$

中大多数项的简单法则,哪些项不符合你的法则?

7.求出产生数列

$$1,4,7,9,10,13,16,18,19,22,25,26,28,29$$

中大多数项的简单法则,哪些项不符合你的法则?

在本节中,我们依靠逻辑推理与常识求出支配每个数列的法则,采用了我们求出的明显的某种形式.这里举 1 个例子说明,在不太平常的情形下将产生什么结果.

8.考虑数列 1,2,3,4,23,….什么数跟随在 23 后面?(注:23 是两位作者最喜欢的数字.当迈克尔·乔丹创造芝加哥公牛队的篮球历史时,这两位作者曾居住在芝加哥地区.)

## 1.16　相　继　数

数的问题包含相继数.相继数的例子有 1,2,3 或 9,10,11,12 等.数 15,18,21 不是相继数,但是是 3 的相继倍数.很多问题都包含相继偶数或相继奇数.这些数是像 2,4,6,8,10 或 13,15,17 这样的数.那么,在代数上,我们怎样表示这些数呢? 如果问题要求相继数,那么令这些数之一是 $x$,于是,以下的相继数将是 $x+1,x+2$,等等.如果问题要求相继偶数,那么要求查明我们选择的数是偶数.以下的相继偶数是什么呢? 要小心,$2x+1$ 不是偶数.因此以下的数是 $2x+2,2x+4$,等等.类似地,相继奇数将有形式 $2x+1,2x+3$,等等.

**例 1.16.1**　如果两个相继数之和是 33,那么这两个数是什么?

**解**　令第 1 个数是 $x$,第 2 个数是 $x+1$,则 $x+(x+1)=33$,得 $x=16$.因此我们要求的数是 16 与 17.

**例 1.16.2**　数 16,17,18 是相继数,相加得 51.求相加得 50 的 4 个相继数.

**解**　由 $x+(x+1)+(x+2)+(x+3)=50$,得 $4x+6=50$,于是 $x=11$,因此,所求的数是 11,12,13,14.

**例 1.16.3**　用 11 种不同的方法写出 99 是各相继整数之和.

**解**　如果整数是 $n+1,n+2,\cdots,n+k$,那么

$$99=kn+\frac{k(k+1)}{2}$$

于是 $2\cdot99=k(2n+k+1)$.因此:

$k=2$ 与 $2n+2+1=99$,得出 $n=48$;

$k=3$ 与 $2n+3+1=66$,得出 $n=31$;

$k=6$ 与 $2n+6+1=33$,得出 $n=13$;

$k=9$ 与 $2n+9+1=22$,得出 $n=6$;

$k=11$ 与 $2n+11+1=18$,得出 $n=3$;

$k=18$ 与 $2n+18+1=11$,得出 $n=-4$;

$k=22$ 与 $2n+22+1=9$,得出 $n=-7$;

$k=33$ 与 $2n+33+1=6$,得出 $n=-14$;

$k=66$ 与 $2n+66+1=3$,得出 $n=-32$;

$k=99$ 与 $2n+99+1=2$, 得出 $n=-49$;

$k=198$ 与 $2n+198+1=1$, 得出 $n=-99$.

**注**　因为 $2\cdot99=2^1\cdot3^2\cdot11$ 有 $(1+1)(2+1)-1$ 个不为 1 的不同因数, 所以这是全部表达式.

## 练习题与问题

1. 数 21, 22, 23, 24 是相继数, 相加得 90. 求具有相同和的 5 个相继数.

2. 把 450 写成以下各相继数之和:

(1) 3 个相继整数

(2) 4 个相继整数

(3) 5 个相继整数

3. 9 个相继奇数之和是 2 007. 求这些整数中的最大数.

4. 21 个相继整数之和是 378. 求这些整数中的最小数.

5. 令 $a, b, c, d$ 是一些相继正整数的平方. 证明: $a+b+c+d-5$ 也是完全平方数.

6. 求所有 $n$, 使这 $n$ 个相继整数之和是 1 个素数.

# 1.17　第 3 套问题

1. 如果数 $2a+3$ 与 $2b+3$ 相加得 2 014, 求数 $3a+2$ 与 $3b+2$ 之和.

2. 有多少个不同的正整数可整除 $2014^2$?

3. 矩形面积是 2 014. 如果长增加 $25\%$, 宽减少 $20\%$, 那么新矩形的面积是多少?

4. 多边形的对角线数是边数的 6 倍. 则多边形有多少个顶点?

5. 10 个相继整数之和是 2 015. 求这些整数中的最大数.

6. 在美国普莱诺市有 777 人参加选举投票, 女投票者比男投票者多 $10\%$. 则女投票者有多少人?

7. (1) 求最大素数 $p$, 使 $p^2$ 整除 $95! + 96! + 97!$.

(2) 求具有这个性质的第 2 大素数.

8. 19 个相继整数之和是 209. 求这些整数中的最小数.

9. 令 $a_1, a_2, \cdots, a_{101}$ 是数 $1, 2, \cdots, 101$ 重新排序的数列. 证明: 数 $(a_1-1)\cdot(a_2-1)\cdot\cdots\cdot(a_{101}-1)$ 是偶数.

10. 我必须投掷两个骰子多少次才能确保至少两次掷得相同的结果?

11. $5+5^2+\cdots+5^{2\,010}$ 被 100 除时余数是多少?

12. 求不同不等边三角形(三角形称为不等边三角形, 如果它的各边有不同长度)的个数,使它的边长都是整数,且最长边的边长是 19.

13.国际象棋比赛采用循环赛制,每两名选手恰好只比赛一次.在一次这样的比赛中,5 名选手在每人比赛两场后就退出.如果总共比赛 100 场,那么开始时的选手人数是多少?

# 欧　拉

欧拉(L. Euler,图 1.17.1) 于 1707 年生于瑞士巴塞尔市,是多产的数学天才,也是空前绝后的数学伟人.他影响了当时所有的数学领域,并开辟了一些全新的数学领域.大量的定理与公式用他的名字命名,现代许多数学符号由他引入或推广.欧拉于 1783 年在俄罗斯圣彼得堡市去世,在那里他度过大半生,当时欧拉在俄罗斯皇家科学院工作.除圣彼得堡外,他还生活在柏林,普鲁士(现在的德国),他在柏林科学院工作了 25 年,在 1735 年右眼失明及 1766 年双目失明后,欧拉的许多研究成果并没有减少.

图 1.17.1　　欧拉(1707—1783)

一些最漂亮的公式最初是由欧拉推导出来的.大概他最著名的成果是下面这个公式,它被称为欧拉公式

$$e^{ix} = \cos x + i\sin x$$

其中 e 是自然对数的底(e=2.718 281 828 459 045…),i 是虚数单位(i=$\sqrt{-1}$),$x$ 是任一实数.在特殊情形 $x=\pi$ 下,我们得出欧拉恒等式,著名物理学家费曼(R. Feynman)称它是"数学中最不平凡的公式",因为在这个公式中把 5 个最重要的数联系起来

$$e^{i\pi} + 1 = 0$$

欧拉发现的另一个漂亮结果是关于以下所有正数之和

$$\frac{1}{1^2} + \frac{1}{2^2} + \frac{1}{3^2} + \frac{1}{4^2} + \cdots = \frac{\pi^2}{6}$$

数论、几何学、拓扑学、图论等很多基本结果也应归于欧拉.

# 1.18　数的数字

用数的数字给数据编码是支配计算机世界的方法.有很多数学问题可以用以下方法解决:从以某底数的数的表示中提取信息.

**例 1.18.1**　所有数字都不同的最小十位数是什么?

**解**　答案:1 023 456 789.

可被它们的数字整除的数称为哈沙德(Harshad)数:1,2,3,4,5,6,7,8,9,10,12,18,20,21,24,….

**例 1.18.2**　3 个最小的四位哈沙德数是什么?已知整数 $n \geqslant 2$,求 3 个最小 $n$ 位哈沙德数.

**解**　对 3 个最小四位哈沙德数,我们求出 1 000,1 002,1 005.对 $n$ 位哈沙德数,我们求出 $10^{n-1}$,$10^{n-1}+2$,$10^{n-1}+5$,可分别被 1,3,3 整除.

我们利用十进制,因为我们是如此习惯于它.但你知道巴比伦人的文化吗,曾经利用 60 作为底数?我们周围的所有电子仪器在计算中都利用二进制.例如,在二进制中,1 是 1,2 是 10,3 是 11,等等.

在以下练习题与问题中,所有的数都是十进制的.

## 练习题与问题

1.为使 8 的最大倍数的所有数字都不同,则这个倍数是多少?

2.为使 18 的最大倍数的数字为从 2 到 8,每个数字至多用 1 次,则这个倍数是多少?

3.求 36 的最小倍数,使它只包含数字 4 和 5.

4.写出 1 个最大的数,使它没有重复数字,且没有两个相邻数字相差 1.

5.吉米看 1 个三位数与它的反序数,然后他把这两个数相加,和是 1 110,则原数中间的数字是什么?

6.令 $N$ 是 100 位数,使它除了 1 个数字外,其余数字都是 5,那么 $N$ 是完全平方数吗?

7.$N$ 是六位数,它的数字和为 37.$N+1$ 的数字和为 2.求 $N$.

8.我们用数字 $a,b,c$ 组成数 $abc$,$bca$,$cab$.如果这些数之和为 1 332,求 $a+b+c$.

9.求最小的整数 $n$,使得不管我们怎样把 $10^n$ 写成两个整数 $a$ 与 $b$ 之积,$a$ 与 $b$ 中至少有一数包含数字 0.

10.求所有的四位数 $n$,使它的数字之和等于 $2\ 010-n$.

11.当 $a,b,c$ 都是不同的数字时,三位数 $\overline{abc}$,$\overline{bca}$,$\overline{cab}$ 的最大公因数是多少?

## 1.19 比　　例

比例无处不在! 很多日常问题都可以利用比例来解答. 例如, 如果平均 1 个人有 10 根手指, 那么在一个 30 人的教室中, 我们可以算出有多少根手指? 利用比例的答案是:

$$\frac{1 \text{人}}{10 \text{ 根手指}} = \frac{30 \text{人}}{x \text{ 根手指}}. \text{这给出 } x = \frac{30 \cdot 10}{1} = 300.$$

### 练习题与问题

1. 你需要 5 磅①面粉来做 10 磅生面团. 那么做 1 磅生面团需要多少磅面粉?

2. 在马达加斯加的旅游地图上, 比例尺指出 3 英寸②表示 125 英里③. 在这张地图上, 两个海滩相距 6 英寸, 则这两个海滩实际距离多少英里?

3. 如果每天工作 8 小时, 那么 30 个工人可以在 12 天可完成一项工程. 如果这项工程必须在 10 天内由 24 个工人去完成, 那么每天将工作多少小时?

4. 为了确定山林中鹿的数量, 山林护林员给 270 只鹿作上了记号, 再把它们放回山林. 后来捕到 500 只鹿, 其中 45 只鹿有记号. 请估计这片山林有多少只鹿.

5. 令 $A$ 与 $B$ 是两个城市, 相距 100 英里. 约翰从 $A$ 走到 $B$, 尼克从 $B$ 走到 $A$, 他们的速度(不一定是固定的) 之比为 3∶1. 当尼克遇到约翰时, 距离 $B$ 多少英里?

6. 兔子与狼赛跑. 兔子跑 3 步的距离等于狼跑 4 步的距离. 当兔子每跑 6 步时, 狼跑了 5 步. 求它们的速度之比.

7. 大学里学科学与学艺术的学生数之比为 4∶3. 如果 14 名学科学的学生变为学艺术的学生, 那么这个比为 1∶1. 求学科学的学生与学艺术的学生的总人数.

8. 钻石的价格与它的重量平方成比例. 把 1 块钻石打碎成 3 块, 使它们的重量之比为 3∶2∶5. 如果原来钻石价值 20 000 美元, 求因打碎它而受到的损失.

9. 我的奶奶做最美味食品的方法是把 15 小匙蜂蜜与 6 杯面粉混合. 如果我只有 10 小匙蜂蜜, 那么我将用多少杯面粉?

10. 爱丽丝的埃菲尔铁塔模型比鲍勃的胡夫金字塔模型高 5 厘米. 鲍勃模型的影子比爱丽丝模型的影子短 3 厘米. 如果埃菲尔铁塔模型高 120 厘米, 那么胡夫金字塔影子的长度是多少?

---

① 1 磅 = 0.453 592 4 千克.

② 1 英寸 = 2.54 厘米.

③ 1 英里 = 1.609 34 千米

11.乔的家人点了一个 6 片比萨饼作为晚餐.如果他吃了 1 片半,那么他吃比萨的比例是多少?

# 1.20　平　均　值

在本节中,为了解答一些有关问题,我们讨论平均值概念.一组数的平均值(也称为算术平均值)等于它们之和除以它们的个数.例如,数 1,2,3,4,5 的平均值是什么?共有 5 个数,它们的和等于 15.因此平均值等于 $\frac{15}{5}=3$.让我们在以下问题中练习这个概念.

## 练习题与问题

1.一个房间里 5 个人的平均年龄是 30 岁.1 个 18 岁的人离开了房间.则剩下 4 个人的平均年龄是多少?

2.一个房间里 10 个人的平均年龄是 40 岁,已知其中有一名 13 岁的少年,则其余 9 人的平均年龄比这名少年多几岁?

3.表格中 5 个数的平均值是 54.前两个数的平均值是 48.最后 3 个数的平均值是多少?

4.6 个数的平均值是 20,如果我们除去其中一数,剩下各数的平均值是 15,那么除去的数是多少?

5.一个 25 人的班级参加了一场科学考试,10 名学生的平均分为 80 分,其余学生的平均分是 60 分,则全班的平均分是多少?

6.约翰以速度 50 英里 / 小时驾车 3 小时,以速度 60 英里 / 小时驾车 2 小时,则整个旅程的平均速度是多少?(提示:距离公式是:距离 ＝速度·时间.)

7.卡罗尔 3 次考试分别得 84,90,86 分.在这学期中还有 1 次考试,她想在班级中得 A,这意味着她的平均成绩必须在 90 或 90 分以上.所有 4 次考试得分都是总分的 $\frac{1}{4}$.为了在班级中得 A,卡罗尔第 4 次考试必须得多少分?

8.史密斯夫妇 4 年前的平均年龄是 28 岁.如果史密斯夫妇与他们儿子现在的平均年龄是 22 岁,则他们儿子的年龄是多少?

9.前 50 个正整数的平均值是多少?

10.3 件重物 $A,B,C$ 的平均重量是 45 磅.$A$ 与 $B$ 的平均重量是 40 磅,$B$ 与 $C$ 的平均重量是 43 磅,则 $B$ 的重量是多少?

11.如果 3 个不同正整数的平均值是 70,那么三数之一的最大可能值是多少?

# 1.21 百 分 数

我们经常谈论百分数.下面是一些你可以在各种商店或电视上看到的常见例子.

(1) 去年计算机的销量比前年增长了 15%.

(2) 储蓄存款提供 2% 的利息,而货币交易提供 3% 的利息.

(3) 在你当地的食品店,牛奶五折出售.

我们所讲的是什么意思呢？百分数（%）正是表示分母为 100 的分数.例如,如果用户 2011 年买了 112 500 000 台计算机,我们知道他们的销量在 2012 年增长了 15%,于是,我们就可以估计 2012 年卖出了多少台计算机.这可以用一些方法来计算,例如,首先估计 2012 年比 2011 年多卖出多少台：

(1) 1 个数的 10% 是它的 1/10,于是 112 500 000 的 10% 是 11 250 000.

(2) 112 500 000 的 5% 是 10% 的一半,即 5 625 000.

(3) 因此 112 500 000 的 15% 是 11 250 000 + 5 625 000 = 16 875 000.

我们也可以用以下方法得出这个结果：112 500 000 · 15% = 112 500 000 · 15/100 = 112 500 000 · 0.15 = 16 875 000.

这表示 2012 年的销量增长了 16 875 000 台,全年的销量为 112 500 000 + 16 875 000 = 129 375 000 台.

我们可以直接得出如下的最终结果

$$112\ 500\ 000 \cdot 1.15 = 129\ 375\ 000$$

## 练习题与问题

1.里奇市 1 个汉堡包重 120 克,其中 30 克是馅,则汉堡包百分之几的材料不是馅？

2.1 个数的 20% 是 12,则这个数的 30% 是多少？

3.1985 年,长途电话的平均费用是每分钟 41 美分,2005 年,长途电话的平均费用是每分钟 7 美分.求长途电话的平均费用减少的近似百分数.

4.在篮球比赛中,Sally 投了 20 次球,命中率为 55%.在她又投了 5 次之后,她的命中率提高到了 56%.则她最后 5 次投中了多少个球？

5.运动员的目标心率是理论最大心率的 80%.最大心率是用 220 减去运动员的年龄求出的.为了最接近 1 个整数,26 岁的运动员的目标心率是多少？

6.一位收藏家提出以面值的 2 000% 购买州政府的 25 美分硬币.以这样的比率,布莱顿对他指定的 4 个州的 25 美分硬币可以获得多少钱？

7.卢的精制鞋店的生意有点清淡,于是卢决定大拍卖.在星期五,他就把星期四的所有价格提高 10%. 在周末,他作出拍卖广告:"价目单上的价格打九折,从下星期一开始."已知星期四的售价是 40 美元,问下星期一 1 双鞋的价格减少了多少美元?

8. 伯格曼维尔市的销售税是 6%. 在此地出售外衣的一场促销活动中,1 件外衣在原价 90.00 美元的基础上打了 20% 的折扣. 两名职工杰克与吉米各自计算账单. 杰克付了 90.00 美元加上 6% 的销售税,然后减去价格的 20%. 吉米首先减去价格的 20%,然后加上折扣价格的 6%. 则杰克的总金额小于吉米的多少美元?

9. Antoinette 在 10 题考试中答对了 70%,在 20 题考试中答对了 80%,在 30 题考试中答对了 90%. 如果 3 次考试联合组成 1 次 60 题考试,那么最接近他总得分的是答对百分之几?

10. 中学生在游戏中得胜次数与失败次数之比(无平局)为 $\frac{11}{4}$. 对最接近的总百分数,一队失败次数占百分之几?

11. 商家以 30% 的折扣出售一大批商品. 后来,商家在原价的基础上降价 20%,并声称这些商品的最终价格是原价格的 50%. 则实际的总折扣是多少?

12. Tori 的数学测试有 75 道题:10 道算术题,30 道代数题,35 道几何题. 虽然她答对算术题的 70%,答对代数题的 40%,答对几何题的 60%,但是仍不及格,因为她答对的问题少于 60%. 为获得 60% 的及格标准,她需要答对多少个问题?

13. 30 升颜料的混合物是 25% 的红色颜料,30% 的黄色颜料和 45% 的水. 把 5 升黄色颜料加入原混合物中. 则黄色颜料在新混合物中的百分数是多少?

14. 一家公司出售三种不同尺寸的洗涤剂:小号(S),中号(M) 和大号(L). 中号比小号贵 50%,含量比大号少 20%. 大号洗涤剂的含量是小号的 2 倍,价格比中号的贵 30%. 列出 3 个尺寸的洗涤剂从好卖到难卖的次序.

15. Miki 有一打大小相同的橙子和一打同样大小的梨子. 他可以从 3 个梨子榨出 8 盎司①梨汁,从两个橙子榨出 8 盎司橙汁. 他从相同个数的梨子与橙子榨出混合汁. 则梨汁占混合汁的百分之几?

## 1.22　第 4 套问题

1. 在一次清盘拍卖中,简买了一件比原价便宜 65% 的东西. 第二天,那件商品又在原价的基础上打了七折,如果简再等一天,她会多省下 18 美元. 则这件商品的原价是多少?

2. 求值:$1 + 2 - 3 + 4 + 5 - 6 + \cdots + 109 + 110 - 111$.

---

① 1 盎司 = 28.349 523 克.

3. 下表中:

$$0$$
$$1 \quad 2 \quad 3$$
$$4 \quad 5 \quad 6 \quad 7 \quad 8$$
$$9 \quad 10 \quad 11 \quad 12 \quad 13 \quad 14 \quad 15$$
$$\cdots \quad \cdots \quad \cdots \quad \cdots \quad \cdots \quad \cdots \quad \cdots \quad \cdots$$

在 2 014 正下方的数是多少?

4. 一台数字电视机的原价是 2 500 美元. 在连续两次以相同的折扣降价后,它现在的售价是 2 025 美元. 如果这台电视机第 3 次以相同的百分数降价,那么它的新价格是多少?

5. 考虑数列

$$99 \cdot 0.9, 999 \cdot 0.9, \cdots, 99\cdots9 \cdot 0.9$$

最后 1 个数有 101 个 9. 证明:它们的平均值(算术平均值)是数 99$\cdots$9,包含 99 个 9.

6. 如果 $a$ 是 $b$ 的 $p\%$,$b$ 是 $c$ 的 $q\%$,$c$ 是 $a$ 的 $(4x)\%$,用 $p$ 与 $q$ 求出 $x$. 在特殊情形下,当 $p = 25, q = 80$ 时,求出 $x$.

7. 求值

$$\left(1 + \frac{2}{3}\right) \cdot \left(1 + \frac{2}{4}\right) \cdot \left(1 + \frac{2}{5}\right) \cdot \cdots \cdot \left(1 + \frac{2}{99}\right)$$

8. 考虑 $n$ 个不同的正整数,它们的平均值(算术平均值)小于 $n$. 证明:在考虑的 $n$ 个数中至少有两个相继整数.

9. 在小于 1 000 的正整数中,有多少个正整数至少包含数字 7,8,9 之一?

10. 证明:对某些正整数 $a, b, c, d$,数 2 014 可以写成 $(a^2 + b^2)(c^3 - d^3)$.

# π 的简介

在所有数学领域中,$\pi$($\pi = 3.141\,592\,653\,589\,793\cdots$)是最重要、最迷人的数. 它是圆的周长与直径的比. 阿基米德首先证明了同一个数出现在圆面积的表达式(用现代符号表示是 $\pi r^2$),球的表面积与体积($4\pi r^2$ 与 $\frac{4}{3}\pi r^3$),以及圆柱与圆锥的类似公式.

我们为什么称这个数为 $\pi$ 呢? 可能是来自希腊单词 $\pi\varepsilon\rho\iota\mu\varepsilon\tau\rho o\nu$(周长). 威尔士数学家威廉·琼斯首次在 1707 年利用这个名称,他是牛顿的朋友. 但是直到 1737 年,欧拉开始使用它以后,人们才广泛地利用它.

经过几个世纪后,我们关于圆的周长与直径之比的知识又有了进一步改善,从古中国书文中求出的 3,经过《莱因德纸草书》(古埃及人在公元前 1650 ～ 1500 年间写的书名

为 *Ahmes* 的书) 求出的 28/9, 再到阿基米德用一些方法求出它的值. 例如, 计算圆内接与外切的正 96 边形面积, 他求出了

$$3\frac{10}{71} < \pi < 3\frac{10}{70}$$

阿基米德的上界是通用的近似值 $\pi \approx \frac{22}{7}$, 它是小于 100 的最好带分数的近似值. 值得一提的是公元 5 世纪中国数学家祖冲之就利用了 $\frac{355}{113} = 3.141\,592\,9\cdots$, 这是小于 30 000 的带分数中, $\pi$ 的最好近似值. 在 16 世纪, L. V. 柯伦求 $\pi$ 到 35 位小数. 为纪念他, $\pi$ 还称为卢多夫数或柯伦数. 今天, 由于强大的电子计算机, 我们知道了 $\pi$ 的值到几万亿位小数.

除了几何学, $\pi$ 还出现在数学的许多分支中. 可能最古老的包含 $\pi$ 的非几何学公式是韦达在 1592 年发现的. 用现代符号表示如下式所示

$$\frac{2}{\pi} = \sqrt{\frac{1}{2}} \cdot \sqrt{\frac{1}{2} + \frac{1}{2}\sqrt{\frac{1}{2}}} \cdot \sqrt{\frac{1}{2} + \frac{1}{2}\sqrt{\frac{1}{2} + \frac{1}{2}\sqrt{\frac{1}{2}}}} \cdot \cdots$$

另一个包含 $\pi$ 的早期公式是 1655 年著名的沃利斯公式

$$\frac{\pi}{2} = \frac{2}{1} \cdot \frac{2}{3} \cdot \frac{4}{3} \cdot \frac{4}{5} \cdot \frac{6}{5} \cdot \frac{6}{7} \cdot \frac{8}{7} \cdots$$

以下无限级数应归于格里高利 (1671) 与莱布尼兹 (1673), 他们独立地发现了

$$\frac{\pi}{4} = 1 - \frac{1}{3} + \frac{1}{5} - \frac{1}{7} + \frac{1}{9} - \cdots$$

今天我们还知道 $\pi$ 是无理数, 换言之, 它不能表示为两个整数之比. 这是兰伯特在 1761 年证明了的. 在 1882 年, 林德曼证明了, 不像 $\sqrt{2}$ 是代数无理数, $\pi$ 是超越无理数, 意思是 $\pi$ 不是具有有理系数的非常数多项式方程的解. 这帮助否定回答了以下古代问题: 能否用直尺与圆规作出正方形, 使它的面积等于已知圆的面积.

# 1.23　绝　对　值

在许多情况下, 我们不关心一个量是正还是负, 只关心它的大小或绝对值, 在数学上, 绝对值的定义如下

$$|x| = \begin{cases} x, & \text{如果 } x \geqslant 0 \\ -x, & \text{如果 } x < 0 \end{cases}$$

我们给出绝对值的以下性质: $|x \cdot y| = |x \cdot y|$, $|x| \geqslant x$, $|-x| = |x|$.

## 练习题与问题

1. 求值: $|1 - |2 - |3 - |4 - |5 - 6||||$.

2.如果 $|x|+x+y=10, x+|y|-y=12$,求 $x+y$.

3.证明:$|x-y| \leqslant |x|+|y|$.

4.令 $a, b, c, d, e$ 是实数.证明

$$|a|+|b|+|c|+|d|+|e| \geqslant |a-b-c-d-e|$$

5.如果 $x<2$,化简表达式 $|||x-2|-4|-6|$.

6.求以下不等式所有实数解的集合

$$|z-1|+|z+2|<3$$

7.如果 $x+\dfrac{1}{x}=7$,求值:$|x-\dfrac{1}{x}|$.

8.$x$ 的最小值是什么,使 $|5x-1|=|3x+2|$?

9.$3 \leqslant |2n-5| \leqslant 8$ 有多少个正整数解?

10.令 $a, b, c$ 是实数,且 $|a-b|=2, |b-c|=3, |c-d|=4$.则 $|a-d|$ 的所有可能值之和是多少?

11.我们想把自然数写在圆上,使每对相邻数之差的绝对值都不同.

(1) 能否用这种方式写出从 1 到 2 009 的各数?

(2) 能否用这种方式从 1 到 2 009 中删去一数,使剩下的 2 008 个数可以用这种方式写出?

## 1.24 阶 乘

我们已经考虑过一些优美的和,特别是三角形数.回忆

$$1+2+\cdots+n=\frac{n(n+1)}{2}$$

现在我们对乘积感兴趣,于是引入称为阶乘的数.它用一个带感叹号的数字 $n$ 表示,表示从 1 到 $n$ 的各数之积.换言之

$$n! =1 \cdot 2 \cdot 3 \cdot \cdots \cdot (n-1) \cdot n$$

我们来求前 $n$ 个阶乘的值

$$1! =1$$
$$2! =1 \cdot 2 = 2$$
$$3! =1 \cdot 2 \cdot 3 = 6$$
$$4! =1 \cdot 2 \cdot 3 \cdot 4 = 24$$
$$5! =1 \cdot 2 \cdot 3 \cdot 4 \cdot 5 = 120$$
$$6! =1 \cdot 2 \cdot 3 \cdot 4 \cdot 5 \cdot 6 = 720$$
$$7! =1 \cdot 2 \cdot 3 \cdot 4 \cdot 5 \cdot 6 \cdot 7 = 5\,040$$

正如你所见,阶乘增长得极快.如果我们需要精确地求 $n!$ 的值,那么最容易、最直接的方法是直接计算.通常,一个好的近似值是足够的,下面是斯特林给出的一个非常好的近似公式

$$n! \approx \sqrt{2\pi n}\left(\frac{n}{\mathrm{e}}\right)^n$$

有趣的是,它包含两个重要的数学常数 $\pi$ 与 $\mathrm{e}$.

**例 1.24.1**　令 $T_3, T_5, T_7$ 是第 3 个、第 5 个、第 7 个三角形数.证明: $2 \cdot T_3 \cdot T_5 \cdot T_7$ 是某个数的阶乘.

**解**　我们有 $T_3 = 6, T_5 = 15 = 3 \cdot 5, T_7 = 28 = 4 \cdot 7$,则

$$2 \cdot T_3 \cdot T_5 \cdot T_7 = 2 \cdot 6 \cdot 15 \cdot 28 = 1 \cdot 2 \cdot 3 \cdot 4 \cdot 5 \cdot 6 \cdot 7 = 7!$$

**例 1.24.2**　化简并求值 $\dfrac{9!}{3! \cdot 7!}$.

**解**　我们有

$$\frac{9!}{3! \cdot 7!} = \frac{1 \cdot 2 \cdot 3 \cdot 4 \cdot 5 \cdot 6 \cdot 7 \cdot 8 \cdot 9}{(1 \cdot 2 \cdot 3) \cdot (1 \cdot 2 \cdot 3 \cdot 4 \cdot 5 \cdot 6 \cdot 7)} = \frac{4 \cdot 3}{1} = 12$$

**例 1.24.3**　威尔逊(Wilson)素数 $p$,使 $p^2$ 整除 $(p-1)! + 1$.

(1)5 是威尔逊素数吗?

(2)7 是威尔逊素数吗?

**解**　(1)注意 $(5-1)! + 1 = 4! + 1 = 24 + 1 = 25$,因为 25 整除 $4! + 1$,所以得出,5 是威尔逊素数.

(2)我们有 $(7-1)! + 1 = 6! + 1 = 720 + 1 = 721$.显然,当 721 被 7 除时得 103.但是试用 103 除以 7 时,不能得出整数.因此 7 不是威尔逊素数.

**注**　在数论中,威尔逊素数说明,如果 $p$ 是素数,那么 $(p-1)! + 1$ 可被 $p$ 整除.

**例 1.24.4**　验证以下命题:

$n! + 1$ 是某整数的完全平方,对 $n = 1, 2, 3, 4, 5, 6, 7$ 是否成立.

**解**　我们进行直接计算.由此看出对 $n = 1, 2, 3$,命题不成立.又 $4! + 1 = 5^2, 5! + 1 = 121 = 11^2$,因此例题对 $n = 4, 5$ 成立.对 $n = 6$,有 $6! + 1 = 721, 26^2 = 676 < 721 < 27^2 = 729$,不成立.如果计算 $7!$,那么得 $7! + 1 = 5\,040 + 1 = 5\,041 = 71^2$,因此命题在这种情形下也成立.

## 练习题与问题

1. 证明: $5! \cdot 6 \cdot 7! = 10!$.

2. 化简并求值 $\dfrac{12!}{6! \cdot 7!}$.

3.哪个数较大:7! 与 $1+2+\cdots+100$?

4.求 $1! +2! +\cdots+100!$ 中的末位数字.

5.当 $1! +2! +3! +\cdots+19!$ 除以 100 时,余数是多少?

6.威尔逊素数 $p$,使 $p^2$ 整除 $(p-1)! +1$.利用计算器回答以下问题:

(1)11 是威尔逊素数吗?

(2)13 是威尔逊素数吗?

7.求最大的 $n$,使 $n!$ 的末尾恰有 33 个 0.

8.化简

$$\frac{(2! +3! )(4! +5! )}{6! +7!}$$

9.在以下乘积中删去 120 个阶乘之一

$$1! \cdot 2! \cdot 3! \cdot \cdots \cdot 120!$$

使它的值是完全平方数.

10.证明:$6! \cdot 7! \cdot \cdots \cdot 12! \cdot 20! \cdot 21! \cdot \cdots \cdot 28!$ 是完全立方数.

# 1.25 七 巧 板

在本节中,我们将讲七巧板(图 1.25.1)——古老的切割难题.它由七部分组成,称为板块,它们拼在一起可组合成某种形式的图形.我们的目标是用 7 片板块组成特殊图形,图形要求包含所有板块,但不能重叠.

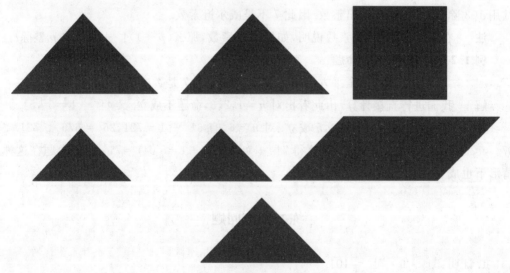

图 1.25.1

玩七巧板的规则是简单的,很容易理解.这个难题的目标是利用七巧板的各板块组成一个图形.人们发现七巧板游戏非常有趣,因为把这些板块拼在一起的方法有很多.利用自己的创造力,可以组成各种各样的七巧板图形.事实上,近年来仅通过重排这些七巧板板块,就创造了成千上万的图样.这些图样不仅包含简单的几何图形,也包含各种动物的图形,如鸟,狗,猫.这些图样还包括许多其他图形的流行对象.

七巧板可以用来发展几何直观能力,不用公式就可以更好地理解图形的面积,熟悉一些多边形的名称.重要的是,每个学生都应该准备一套七巧板.利用剪刀与以下技巧,你也可以创造出自己的一套七巧板:

(1) 取一张正方形纸,把它分成 16 个相等的小正方形.

(2) 利用你的铅笔画出要求的线条,如图 1.25.2 所示切出 7 片板块:

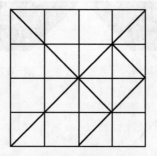

图 1.25.2

当你完成这套七巧板时,你就可以玩了.第 1 个任务是把它们拼成正方形!

(1) 正方形(图 1.25.3).

图 1.25.3

其次要求拼出其他已知的几何图形.

(2) 三角形(图 1.25.4).

(3) 矩形(图 1.25.5).

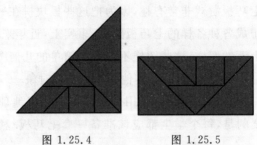

图 1.25.4 图 1.25.5

(4) 平行四边形(图 1.25.6).

(5) 梯形(图 1.25.7).

图 1.25.6 图 1.25.7

(6) 五边形(图 1.25.8).

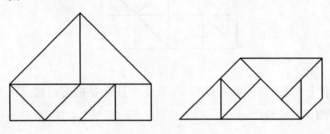

图 1.25.8

(7) 六边形(图 1.25.9).

图 1.25.9

每个谜题都需要花费很长时间.为了培养对这类问题的认识,我们有必要尝试这些问题.

## 练习题与问题

1.用七巧板拼出数字 $1,2,3,\cdots,9$.

2.用七巧板拼出动物、宠物和其他对象的图案.利用你的想象力!

# 1.26　字母与数字

在本节中,每个大写字母表示不同的数字,不允许首位数字为 $0$.为了方便阅读,我们省略了多行公式中常见的换行.

## 练习题与问题

1.在加法

$$
\begin{array}{r}
A \\
B \\
CD \\
EF \\
+GH \\
\hline
XY
\end{array}
$$

中,求 $X$ 与 $Y$.

2.求出减法 $EPICS - MATH = TEN$ 中所有字母的值.

3.确定以下等式是否可能

$$\overline{ABCD} + \overline{EFGH} = \overline{XXXXX} - \overline{YYYY}$$

4.加法 $\overline{ABCD} + \overline{BCDA} + \overline{CDAB} + \overline{DABC}$ 的结果是形式为 $\overline{XYYYX}$ 的数.每个字母表示不同的数字.证明:$2X = Y$.

5.以下加法是可能的吗

$$
\begin{array}{r}
ABCD \\
BCDA \\
+CDAB \\
\hline
DABC
\end{array}
$$

6.以下加法是可解答的吗

$$
\begin{array}{r}
AXXXU \\
BXXV \\
CXXY \\
+DEXXZ \\
\hline
XXXXX
\end{array}
$$

7. 数 $\overline{MATHLEADS}+\overline{MATHLETES}$ 的数字可以都不同吗?

8. 在加法 $\overline{MATH}+\overline{LEADS}$ 中,每个字母表示不同的数字. 这个加法的结果可以是 5 个数字都相同的数吗?

## 1.27　第 5 套问题

1. 求素数 $p$,使 $p+8\,100$ 是完全平方数.

2. 求所有素数 $p$,使 $47p^2+1$ 是完全平方数.

3. 把 $1\,000\,000$ 写成 1 个素数与 1 个完全平方数之和.

4. 求所有整数 $n$,使 $4n+9$ 与 $9n+1$ 二者都是完全平方数.

5. 求所有的正整数 $n$,使 $n(n+60)$ 是完全平方数.

6. 对怎样的整数 $n$,方程 $x^2-y^2=n$ 有整数解?

7. 在 1 与 $10\,000$(包括)之间有多少个数可以写成两个完全平方数之差?

8. 有多少个完全平方数整除 $2^{11}\cdot3^{13}\cdot5^{17}$?

9. 令 $A$ 与 $B$ 是正整数,可以写成两个完全平方数之和. 证明:积 $A\cdot B$ 也可以写成两个完全平方数之和.

10. 在勾股弦三元数组 $(3,4,5),(5,12,13),(7,24,25)$ 中,较长直角边的长与斜边的长是相继数.

(1) 下一个这样的 3 个三元数组是什么?

(2) 求出并证明所有这样的三元数组.

11. 求 4 个正整数 $a,b,c,d$,使 $a^2+b^2,a^2+b^2+c^2,a^2+b^2+c^2+d^2$ 都是完全平方数.

### e 的简介

e($e=2.718\,281\,828\,459\,045\cdots$)是数学所有分支中另一个重要常数. 它首先是被用来做金融计算而出现在数学中的. 如果我们以年利率 $100p\%$ 借来 $D$ 美元,那么加上借款利息,在一年中算 $n$ 次,则我们在年底的欠款将增加到

$$D\cdot\left(1+\frac{p}{n}\right)^n$$

如果这个计算经常做,在 $n\to\infty$ 时取极限,那么我们在年底的欠款将收敛于有限值. 如果以 e 表示 $\left(1+\dfrac{1}{n}\right)^n$ 的极限,就像欧拉在 1731 年首先做的那样,那么我们可以说,在年底我们连续计算的欠款将等于 $D\cdot e^p$. 为了简化金融计算,数学家们利用了对数,它帮助我们把乘法和除法分别变为加法和减法. 由于 e 在金融计算中的作用,纳皮尔(Napier)发现

用底为 e 的对数做计算是很自然的,这种对数也称自然对数.

因此,数 e 定义为

$$e = \lim_{n \to \infty} \left(1 + \frac{1}{n}\right)^n$$

e 称为纳皮尔数. 我们也把它称为自然对数的底.

利用二项式公式,牛顿发现了表示 e 的以下公式

$$e - 1 + \frac{1}{1!} + \frac{1}{2!} + \frac{1}{3!} + \frac{1}{4!} + \cdots$$

欧拉用他著名的恒等式把 e 与其他重要的数联系起来

$$e^{i\pi} + 1 = 0$$

它是下面欧拉公式的直接推论

$$e^{ix} = \cos x + i\sin x$$

1731 年,欧拉首先用 e 表示这个重要的数. 他也是第一个用 i 表示虚数单位的人. 在 1777 年以前,他用 i 表示无限大的数. 1801 年,高斯在他的著作《算术研究》中利用 i 后,i 作为虚数单位变得特别普遍了.

1737 年,欧拉证明了 e 是无理数,1873 年,埃尔米特证明了 e 是超越数.

## 1.28 简 单 和

我们早已证明了从 1 到 $n$ 的各数之和是 $\frac{n}{2}(n+1)$. 在形式上证明了

$$1 + 2 + \cdots + n = \frac{n(n+1)}{2}$$

我们建立了一般公式,我们总是想得出这样的公式,因为它们允许我们更容易地求出很多更大的和. 例如,如果需要求从 1 到 10 的各数之和,那么我们将不再把这些数一个一个地加起来 —— 我们只对 $n = 10$ 利用一般公式. 因此

$$1 + 2 + \cdots + 10 = \frac{10 \cdot 11}{2} = 55$$

正如你所看到的,这是一个求和更快的方法.

现在我们来解答另一个问题,我们对以下和感兴趣

$$2 + 4 + 6 + \cdots + 98 + 100$$

注意,这个和有点类似于我们的和,但是它只包含偶数. 从这个和中取出公因数 2,则

$$2 + 4 + \cdots + 98 + 100 = 2 \cdot 1 + 2 \cdot 2 + \cdots + 2 \cdot 50 =$$
$$2(1 + 2 + 3 + \cdots + 50)$$

现在对括号中的和,我们知道怎样求

$$1+2+3+\cdots+50=\frac{50 \cdot 51}{2}=1\ 275$$

的值.

因此

$$2+4+6+\cdots+98+100=2 \cdot 1\ 275=2\ 550$$

我们求出两个很漂亮的和,那么怎样求 $1+3+5+\cdots+97+99$ 的值将是一个大考验. 我们的和与之前的和很类似,只是这里是各个奇数之和. 解答这个问题的关键是,如果把这些奇数 $1+3+5+\cdots+97+99$ 与以上求过值的偶数 $2+4+6+\cdots+98+100$ 相加,那么将得出整个和 $1+2+3+\cdots+99+100$. 因此 $1+3+5+\cdots+97+99$ 是以上两个和的差

$$1+3+5+\cdots+97+99=5\ 050-2\ 550=2\ 500$$

一般地

$$1+3+5+\cdots+2n-1=n^2$$

**例 1.28.1** 把数 $1,2,3,\cdots,12$ 分为 3 组,每组 4 个数,且每组各数和相等.

**解** 这里可以利用我们计算和时用过的配对法. 把所有数配成 6 对 $(1,12),(2,11)$,$(3,10),(4,9),(5,8),(6,7)$. 这些对中的和均为 13. 现在把以上各对配成 3 组

$$\{1,12,2,11\},\{3,10,4,9\},\{5,8,6,7\}$$

显然这 3 组数满足我们的条件.

**例 1.28.2** 把数 $1,2,3,\cdots,15$ 分为 4 组,使每组各数的和相等.

**解** 我们可以看到,在这种情形下,我们的配对方法难以使用. 于是,作一些分析,我们想知道每组数之和是多少. 我们有 4 组数,总和是

$$1+2+\cdots+15=\frac{15 \cdot 16}{2}=120$$

因此每组数之和是 $120/4=30$. 现在我们可以利用这些数,选出不同的 4 组,使每组的和是 30. 例如

$$(1,14,15),(2,3,12,13),(4,5,10,11),(6,7,8,9)$$

**例 1.28.3** 考虑以下数列

$$1,2,2,3,3,3,4,4,4,4,5,5,5,5,5,\cdots$$

其中每个数出现的次数与它的值相同. 求哪个数占用这个数列的第 100 个位置.

**解** 设 $k$ 占用第 100 个位置. 由此可见,数 1 直到 $k-1$ 的各数在其前面,它们占用的位置数是 $1+2+3+\cdots+(k-1)$. 它一定小于 100. 类似地,所有的数 $1,2,\cdots,k-1,k$ 占用前 100 个位置,也许还要再多几个. 于是 $1+2+\cdots+(k-1)+k \geqslant 100$. 因此我们必须求 $k$,使

$$1+2+3+\cdots+(k-1) \leqslant 100 \leqslant 1+2+3+\cdots+(k-1)+k$$

或

$$\frac{(k-1)k}{2} \leqslant 100 \leqslant \frac{k(k+1)}{2}$$

尝试 $k$ 的几个值,可以求出,如果 $k=14$,那么

$$\frac{13 \cdot 14}{2} = 91 < 100 < \frac{14 \cdot 15}{2} = 105$$

因此 14 占用第 100 个位置.

## 练习题与问题

1. 求值：$1+2+\cdots+30$.

2. 求值：$2+4+\cdots+28+30$.

3. 求值：$1+3+5+\cdots+27+29$.

4. 把数 $1,2,\cdots,8$ 分为 3 组,每组内个数不一定相同,使每组各数和相同.

5. 15 个相继数之和是 105. 求它们的积.

6. 证明：$8+16+24+\cdots+8\,000$ 与 1 个完全平方数之差为 1.

# 1.29　三角形数

三角形数这个名称可以用图 1.29.1 来说明是有道理的：

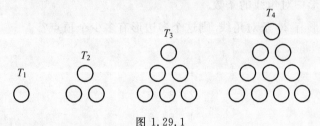

图 1.29.1

三角形数是前 $n$ 个正整数之和

$$T_n = 1+2+3+\cdots+(n-1)+n = \frac{n(n+1)}{2} = \frac{n^2+n}{2}$$

第 $n$ 个三角形数是从 $n+1$ 个对象中选出的不同对的对象的个数. 它包含计算握手次数的"握手问题",如果房间中的每个人彼此只握手 1 次.

古希腊数学家,特别是毕达哥拉斯首先研究了这种数的性质.

前 100 个三角形数如下：

| 1 | 3 | 6 | 10 | 15 | 21 | 28 | 36 | 45 | 55 |
|---|---|---|---|---|---|---|---|---|---|
| 66 | 78 | 91 | 105 | 120 | 136 | 153 | 171 | 190 | 210 |
| 231 | 253 | 276 | 300 | 325 | 351 | 379 | 406 | 435 | 465 |
| 498 | 528 | 561 | 595 | 630 | 666 | 703 | 741 | 780 | 820 |
| 861 | 903 | 946 | 990 | 1 035 | 1 081 | 1 128 | 1 176 | 1 225 | 1 275 |
| 1 326 | 1 378 | 1 431 | 1 485 | 1 540 | 1 596 | 1 653 | 1 711 | 1 770 | 1 830 |
| 1 891 | 1 953 | 2 016 | 2 080 | 2 145 | 2 211 | 2 278 | 2 346 | 2 415 | 2 485 |
| 2 556 | 2 628 | 2 701 | 2 775 | 2 850 | 2 926 | 3 003 | 3 081 | 3 160 | 3 240 |
| 3 321 | 3 402 | 3 486 | 3 570 | 3 655 | 3 741 | 3 828 | 3 916 | 4 005 | 4 095 |
| 4 186 | 4 278 | 4 371 | 4 465 | 4 560 | 4 656 | 4 753 | 4 851 | 4 950 | 5 050 |

## 练习题与问题

1. 证明:第 36 个三角形数等于 D+C+L+X+V+I,即 7 个罗马数中 6 个数之和.

2. 证明:唯一的三角形数也是素数的是 3.

3. 证明:如果 $T$ 是三角形数,那么 $9T+1$ 也是三角形数.

4. 证明:如果 $T$ 是三角形数,那么 $8T+1$ 是完全平方数.(见节 1.28 的问题 6)

5. 在有 25 人参加者的欢迎会上,每两人彼此只握手一次.则发生了多少次握手?

6. 求十二边形中对角线的条数.

7. 一个多边形有 20 条对角线.则这个多边形有多少个顶点?

8. 考虑表格

$$
\begin{matrix}
1 \\
2 \quad 3 \\
4 \quad 5 \quad 6 \\
7 \quad 8 \quad 9 \quad 10 \\
\cdots
\end{matrix}
$$

(1) 第 9 行第 1 个数是多少?

(2) 求出包含数 100 的那一行.

9. 证明:第 $n$ 个三角形数的平方等于从数 1 到 $n$ 的立方和.

10. 证明:前 $n$ 个三角形数之和是第 $n$ 个四面体数

$$\frac{n(n+1)(n+2)}{6}$$

## 1.30　多角形数

多角形数是由给定多边形构成的图形中的网格点数.任何一组多角形数中第 1 个数总是 1,是单一点,第 2 个数等于这个多边形的顶点数.为了得出第 3 个多角形数,把第 2 个多角形数的多边形两边延长,并安排这些顶点与其他需要格点构成 1 个大的相似多边形.第 3 个多角形数计算了所有顶点数与最后得到图形上的格点数.

下面来看几个多角形数.

(1) 三角形数:1,3,6,10,…(图 1.30.1).

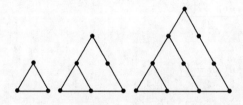

图 1.30.1

(2) 正方形数:1,4,9,16,…(图 1.30.2).

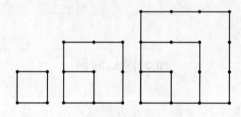

图 1.30.2

(3) 五角形数:1,5,12,22,…(图 1.30.3)

三角形数是多角形数:这个数可以用具有相同间隔点的有规则几何排列来表示.顾名思义,三角形数可直观地看作 3 点的三角形.

三角形数与其他多角形数之间有各种各样的关系.最简单的是,两个相继三角形数之和是 1 个平方数.用代数方法表示为

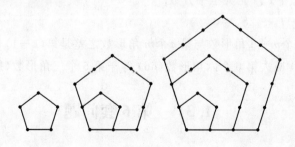

图 1.30.3

$$\frac{n(n+1)}{2}+\frac{(n-1)n}{2}=\frac{n(n+1+n-1)}{2}=\frac{n\cdot 2n}{2}=n^2$$

换言之，这个相同事实可以用几何图形来表示（图 1.30.4）：

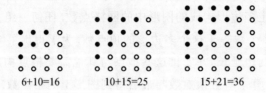

| 6+10=16 | 10+15=25 | 15+21=36 |

图 1.30.4

一般地，我们可以推导并利用以下公式求多角形数：

(1) 三角形数：$T_n=\dfrac{n(n+1)}{2}$.

(2) 正方形数：$S_n=n^2$.

(3) 五角形数：$P_n=\dfrac{n(3n-1)}{2}$.

(4) 六角形数：$H_n=n(2n-1)$.

更一般地，我们求出的 $m$ 角形数公式是

$$N_n^{(m)}=n+(m-2)\frac{n(n-1)}{2}$$

## 练习题与问题

1. 求值：$2T_5-S_5$（其中 $S_5$ 是第 5 个正方形数）.

2. 求值：$2T_{10}-S_{10}$.

3. 证明：$2T_4+2P_4$（其中 $P_4$ 是第 4 个五角形数）是完全平方数.

4. 证明：$P_6+T_6-2S_6=0$.

5. 证明：所有其他的三角形数是六角形数.

6. 证明：$2T_n-S_n=n$.

7. 证明：$2(T_n+P_n)$ 是完全平方数.

8. 证明：$P_n+T_n-2S_n=0$.

9. 证明：第 $n$ 个 $m+1$ 角形数与第 $n$ 个 $m$ 角形数之差是第 $(n-1)$ 个三角形数. 例如，第 6 个七角形数（81）减去第 6 个六角形数（66）等于第 5 个三角形数（15）.

## 1.31 第 6 套问题

1. 在以下数列中共有多少个数：$30,45,60,\cdots,2\,010$？

2. Mary 看某二位数,把它的数字反过来.然后把这两个数相加,和是 187.则这两个数是什么?

3. 两个孩子可以同时玩球.在 90 分钟内,只有两个孩子同时玩,5 个孩子轮流玩,这样每个孩子玩的时间是一样的.那么每个孩子玩了多少分钟?

4. 如果数 $4a-3$ 与 $4b-3$ 相加得 2 014,求数 $\frac{a}{5}-4$ 与 $\frac{b}{5}-4$ 之和.

5. 数列 1,2,3,4,5,6,7,8,9,10 与数列 11,12,13,14,15,16,17,18,19,20 各包含 4 个素数.这样的数列称为严格十个一组数.求出下一个严格十个一组数.

6. 有多少个不同的完全平方数可整除 $12^{12}$?

7. 矩形有面积 240.如果长增加 20%,宽减少 40%,则新矩形的面积是多少?

8. 15 个相继数之和是 2 010.求这些整数中的最小数.

9. 求所有整数 $n$,使 $n^2+40n$ 是完全平方数.

10. 25 个相继数之和是 200.求其中的最大数.

11. 在 1 与 2 010(包含)中随机地选出 6 个不同正整数.这些整数中某对整数之差是 5 的倍数的概率是多少?

# 费　马

费马(Fermat,图 1.31.1)可能是有史以来最好的业余数学家,他是 16 世纪法国的一位律师.由于他在数论及早期对解析几何学、微积分、概率论和光学的贡献,直至今日他仍被人们铭记.

费马与另一位法国数学家帕斯卡的交换信件提出了概率论基础.在这份信件中,他首先把数学应用于机会对策.一位职业赌徒问他,为什么投两个骰子 4 次中至少有一次两个 6 点的赌博有获胜策略,而投两个骰子 24 次中至少有一次两个 6 点的赌博就没有获胜策略.

除了他与那时另一些伟大数学家帕斯卡,梅森,笛卡儿,惠更斯等的信件外,还有关于费马发现的大量信息来源,包含最著名的费马大定理,是他在古希腊数学家丢番图的书《算术》中的注释.

费马小定理:在数学与物理中,与费马名字有关的许多有趣结果之一是以下数论定理:

如果 $p$ 是素数,那么对任一整数 $n$,数 $n^p-n$ 可被 $p$ 整除.

费马第一次宣布发现了这个定理是在给他的朋友的信件中,但没有证明.德国哲学家、数学家莱布尼兹给出了第一个证明.下面可能是费马小定理最简单的证明:

考虑由 $p$ 颗珠子制成的一串珍珠,其中 $p$ 是素数,每颗珠子可以有 $n$ 种颜色之一.如

图 1.31.1    费马(1601—1665)

果我们至少利用两种颜色,那么可以制成多少串不同的珍珠? 答案是 $n^p-n$,因为有 $n^p$ 串可能的珍珠,其中 $n$ 串将只有 1 种颜色.因为 $p$ 是素数,所以 $n^p-n$ 串珍珠中每 1 串属于 $p$ 串的一组且是唯一的一组,这 $p$ 串可以制成相同的项链.因此 $n^p-n$ 一定可被 $p$ 整除.

注意,如果 $p$ 不是素数,那么组成相同项链的某组珠子将少于 $p$ 颗珠子,从而这个定理不能推广到所有合数 $p$.对某些合数 $p$,费马小定理对 $n$ 的一些值成立.这样的合数 $p$ 称为费马伪素数.最小的这样的数是 $341=11 \cdot 31$,使 $2^{341}-2$ 可被 341 整除.此外,对某些合数 $p$,费马小定理对使 $(n,p)=1$ 的所有 $n$ 值成立.这样的数称为卡迈克数.最小的这样的数是 $561=3 \cdot 11 \cdot 17$.

## 1.32    牙签数学 I

有许多利用牙签的有趣问题,这里我们来看其中的一些题目.

### 练习题与问题

1.移动两支牙签,以这种方式得出 5 个全等的正方形(图 1.32.1).

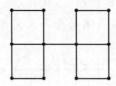

图 1.32.1

2.除去 16 支牙签,以这种方式得出 1 个正方形和 4 个六边形,使它们的面积和等于原正方形面积(图 1.32.2).

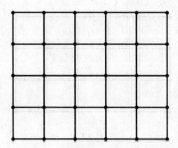

图 1.32.2

3. 移动两支牙签,得出 7 个全等正方形(图 1.32.3).

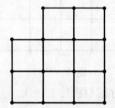

图 1.32.3

4. 除去 8 支牙签,使剩下的图形组成 4 个全等正方形(图 1.32.4).

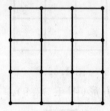

图 1.32.4

5. 只用 6 支牙签摆出具有 4 个锐角的六边形.

6. 除去 32 支牙签,得出两个正方形(图 1.32.5).

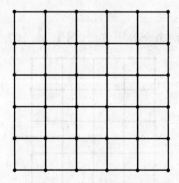

图 1.32.5

7. 除去 14 支牙签,以这种方式得出 6 个全等正方形(图 1.32.6).

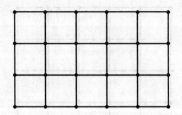

图 1.32.6

8.除去 4 支牙签,得出 5 个全等正方形(图 1.32.7).

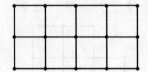

图 1.32.7

9.除去 6 支牙签,得出 3 个正方形(图 1.32.8).

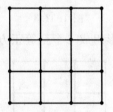

图 1.32.8

10.移动 6 支牙签,得出两个正方形(图 1.32.9).

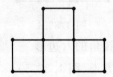

图 1.32.9

11.除去 16 支牙签,得出两个全等正方形(图 1.32.10).

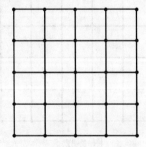

图 1.32.10

12.除去 24 支牙签,得出 9 个全等正方形(图 1.32.11).

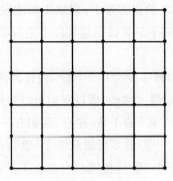

图 1.32.11

# 1.33  数学与国际象棋 Ⅰ

几百年来,许多研究者与学生,特别是数学家仔细研究了数学与国际象棋,他们非常了解国际象棋中的逻辑推理与对称性.

由于国际象棋每走一步有许多可能的选择,所以国际象棋的分析是极其复杂的.让我们把注意力集中在来自趣味数学的一些问题吧.

可以把多少个已知类似的棋子放在棋盘上,使任何两个棋子不互相攻击呢?

不难证明,我们可以把至多 8 个棋子"军"放在棋盘上,使任何两个棋子不互相攻击. 更困难的问题是用 8 个棋子"皇后"代替 8 个"军",但我们可以解决这个问题(图 1.33.1).

图 1.33.1

**例 1.33.1**  证明:我们至多可以把 16 个棋子"王"放在棋盘上,使任何两个棋子不互相攻击.

**证**  把棋盘正方形分为 16 个小的 2×2 正方形. 如果我们有多于 16 个"王",那么至少有两个"王"放在同一个 $2\times2$ 的正方形上. 但这不可能发生,因为它们会互相攻击. 因此我们至多可以放 16 个"王". 剩下只要证明这实际上是可能的即可,用这些 $2\times2$ 正方形做少量实验,证明这是可能的.

**例 1.33.2** 我们最多可以放多少个棋子"象",使任何两个"象"不互相攻击?

**解** 因为"象"只能在对角线上移动,所以我们可以把问题分为两部分:在白色方格上"象"的个数和在黑色方格上"象"的个数. 注意,我们有一条 8 个白色方格的主对角线和多于 6 条白对角线平行于它. 于是最多可以放 7 个"象",在白色方格上不互相攻击,利用对称性知,我们至多可以放 7 个"象",在黑色方格上不互相攻击. 因此最多可放 14 个"象",例如我们可以把"象"放在 A1,A2,A3,A4,A5,A6,A7,A8 和 H2,H3,H4,H5,H6,H7 上.

**例 1.33.3** 你最多可以在棋盘上放多少个棋子"马",使任何两个"马"不互相攻击?

**解** 注意,我们在棋盘上有 32 个"马"不互相攻击. 把"马"放在所有白色方格上,则所有"马"只攻击黑色方格,条件满足. 设在棋盘上至少有 33 个"马". 把棋盘分为 8 个小的 $2\times4$ 棋盘. 由鸽笼原理,存在 1 个 $2\times4$ 小棋盘有 5 个"马". 但是我们不能在这个小棋盘上有 5 个"马",因为我们看到有 4 对格子里的"马"互相攻击,矛盾. 由此得出,我们至多可以放 32 个"马".

**例 1.33.4** 能否恰好通过棋盘每个小方格一次,使 1 个"马"从棋盘 1 个隔角出发,到达相邻的 1 个隔角?

**解** 图 1.33.2 表示棋盘和解答的步数.

| 1 | 36 | 43 | 54 | 3 | 38 | 41 | 64 |
|---|----|----|----|---|----|----|----|
| 44 | 55 | 2 | 37 | 42 | 53 | 4 | 39 |
| 35 | 12 | 21 | 14 | 25 | 40 | 63 | 52 |
| 56 | 45 | 26 | 17 | 22 | 19 | 24 | 5 |
| 11 | 34 | 13 | 20 | 15 | 28 | 51 | 62 |
| 46 | 57 | 16 | 27 | 18 | 23 | 6 | 29 |
| 33 | 10 | 59 | 48 | 31 | 8 | 61 | 50 |
| 58 | 47 | 32 | 9 | 60 | 49 | 30 | 7 |

图 1.33.2

**例 1.33.5** 能否恰好通过棋盘每个小方格 1 次,使 1 个"马"从棋盘 1 个隔角出发,到达相对隔角?

**解** 答案是否定的. 注意,每移动 1 步,"马"到达与以前不同颜色的方格上. 设开始时马在白色隔角上,则目标是相对隔角,也是白色的. 从第 1 个隔角出发,要经过 63 个方格.在所有奇数次移动中,"马"到达黑色方格,在所有偶数次移动中,"马"到达白色方格.因此无论如何,在移动 63 次后,"马"将到达黑色方格.它不可能是相对隅角,因为它是黑色的.

**注** 这个问题是著名的马漫游问题."马"在棋盘(或任一其他网格)上漫游是"马"的一系列移动(只能同时沿一条轴移动 1 个方格和沿另一条轴移动两个方格),使棋盘的每个方格恰好走过一次.

## 练习题与问题

1.为了占领或进攻所有棋盘方格,需要"王"的最少个数是多少? 为什么?

2.如果棋子是(1)"象";(2)"马";(3)"皇后",为占领或进攻所有方格,最少需要多少个棋子?

3.在标准的 8×8 棋盘上(棋盘上各个方格是黑色与白色交替的),有 64 个 1×1 方格,49 个 2×2 方格,等等.有多少个这样的方格,其超过一半的面积是黑色的?

## 1.34  密码学 I

什么是密码学?

密码学是建立和破译密码的科学技术.密码是数学难题的一种形式,其中算术问题的数字换为字母表中的字母或其他符号.算式谜的字母或符号就是密码,求出字母(符号)表示的数,就是破译密码.算式谜的发明应归于古代中国.这个技术原来称为字母算术或文字算术.在中世纪印度,算术更新与算术结构发展成了一种密码术,密码类型中的大多数或全部数字都被星号取代.1864 年,第 1 个算式谜出现在美国的《美国农学家》杂志上.算式谜这个名称是 M. 瓦特里坤特(Vatriquant)以笔名米诺斯(Minos)在 1931 年 5 月出版的一本比利时《怪谜》杂志上引进的,该杂志从 1931 年到 1939 年在法国重新创刊.1955 年,J. A. 亨特(Hunter)创造了字母算术,规定密码的字母组成合理的词或句.世界上最著名的字母算术难题无疑是 $SEND + MORE = MONEY$.它是 H.E. 杜德尼(Dudeney)创建的,并首次发表在 1924 年 7 月伦敦出版的杂志上.

怎样解答算式谜呢?

**1.预备知识**

再写这个问题,扩大字里行间的空间,为写在字母下面要求的各数留下位置.

例如,算式谜 $SEND + MORE = MONEY$,在解答后,可表示为

$$\begin{array}{r} SEND \\ 9567 \\ +\ MORE \\ 1085 \\ \hline MONEY \\ 10652 \end{array}$$

### 2. 记住算式谜的约定

（1）在整个问题中，每个字母或符号只表示 1 个数字.

（2）当字母换为它们的数字时，得出的算术运算必须是正确的.

（3）除特别说明外，数的基都是 10.

（4）数不可以从 0 开始.

### 3. 几个例子

（1）

$$\begin{array}{r} AB \\ BC \\ +\ CA \\ \hline ABC \end{array}$$

看各个数字，我们看出 $A+B=10$. 继续考虑进位，看十位数字，有 $C+1=B$（不能有 $C+1=B+10$，因为这将迫使 $B=0$，矛盾）. 于是 $A=1, B=9, C=8$.

（2）

$$\begin{array}{r} MOO \\ +MOO \\ \hline COW \end{array}$$

看十位数字，一定有 $O+O+1=O+10$，继续考虑进位（$O$ 不能为零，否则 $W$ 也是零，矛盾）. 由此得 $O=9, W=8$. 有 3 对 $(M,C)$，使 $2M+1=C$，$C$ 与 $W$ 不同，即 $(1,3)$，$(2,5)$，$(3,7)$. 因此本题有 3 个解.

## 练习题与问题

解答以下算式谜.

1.

$$\begin{array}{r} TEACH \\ +\ MATH \\ \hline GIFTED \end{array}$$

2.

$$\begin{array}{r} BASE \\ +\ \ BALL \\ \hline GAMES \end{array}$$

3.

$$\begin{array}{r} FORTY \\ TEN \\ +\ \ TEN \\ \hline SIXTY \end{array}$$

## 1.35　幻方 I

我们来看图 1.35.1.

| | | |
|---|---|---|
| 2 | 7 | 6 |
| 9 | 5 | 1 |
| 4 | 3 | 8 |

图 1.35.1

注意,如果我们把每行,每列,每条对角线中各数相加,那么就得出相同的数.这个数是 15.这个正方形称为幻方,每行或每列中的和称为这个特殊幻方的幻数.正如我们看到的,大小为 $n$ 的幻方由数 $1,2,3,\cdots,n^2$ 组成.这些数以这样的方式排列,使所有的数字组包含不同的数,每行,每列,每条对角线中各数之和相等.

**例 1.35.1**　完成以下幻方(图 1.35.2).

| | | |
|---|---|---|
| 4 | | 2 |
| | | |
| | 1 | |

图 1.35.2

对于例 1.35.1,我们可以容易地求出第 1 行中央的数,然后求出第 2 行各数,等等.

以上幻方称为洛书(洛河图)幻方.它利用了数 1,2,3,4,5,6,7,8,9.很偏巧,用这些数可以做成的唯一幻方是我们在图 1.35.1 中讲过的幻方.但是本例中的幻方好像不同.如果我们仔细看,那么可以看出,第 2 个幻方恰好与第 1 个幻方相同,但是旋转了 90°.

**例 1.35.2** 不相信以上陈述的读者,可以尝试从图 1.35.3 开始做 1 个幻方.

| | | |
|---|---|---|
| | | |
| | 1 | |
| | | |

图 1.35.3

**例 1.35.3** 迄今我们只讲到包含数 $1, 2, 3, \cdots, n^2$ 的幻方.那么对于下面的幻方怎么说呢?(图 1.35.4)

| 23 | 28 | 21 |
|---|---|---|
| 22 | 24 | 26 |
| 27 | 20 | 25 |

图 1.35.4

我们可以相信,每行,每列,每条对角线中各数之和相等.上面幻方中的幻数等于 $23 + 28 + 21 = 72$.如果仔细看这个幻方,那么它实际上是洛书幻方每个方格中的数加上 19.

## 练习题与问题

完成以下幻方.

1. 解答这个幻方(图 1.35.5):

| | 34 | 24 |
|---|---|---|
| | 23 | |
| | 12 | |

图 1.35.5

2. 解答这个幻方(图 1.35.6):

| 1 | 8 | 11 | 14 |
| 12 | | | 7 |
| 6 | | | 9 |
| 15 | 10 | 5 | 4 |

图 1.35.6

3.解答这个幻方(图 1.35.7):

| 1 | 8 | 10 | 15 |
| | 13 | 3 | |
| 7 | | | |
| 14 | | | 4 |

图 1.35.7

4.求被直线覆盖的各数之和(图 1.35.8):

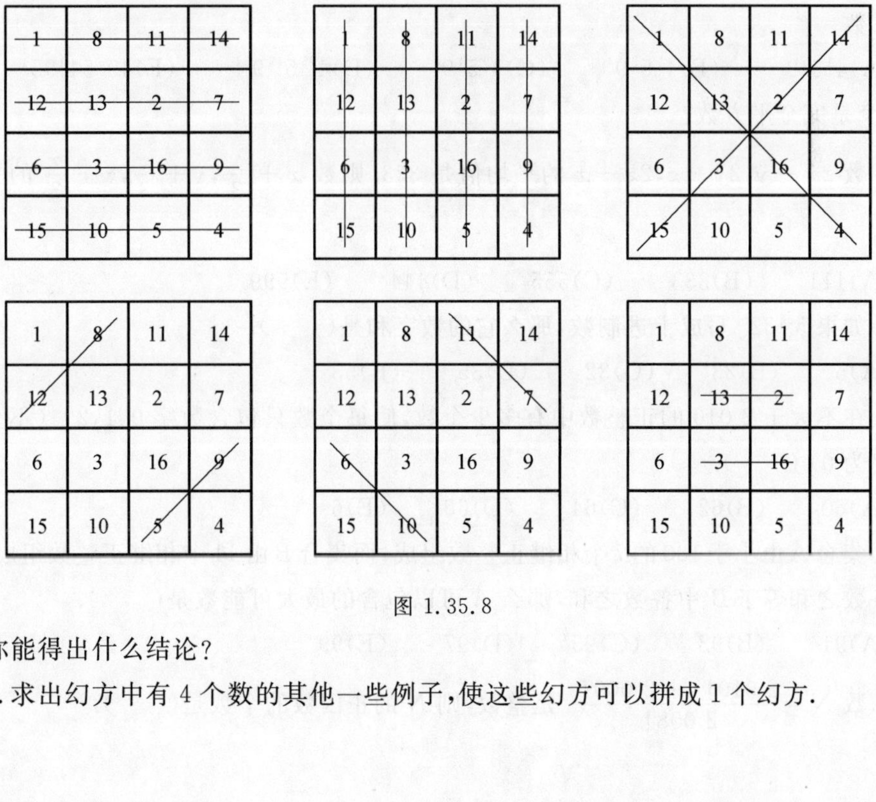

图 1.35.8

你能得出什么结论?

5.求出幻方中有 4 个数的其他一些例子,使这些幻方可以拼成 1 个幻方.

6.利用以上各例,尝试完成下面的幻方(图 1.35.9).

| 1 | 8 | | 12 |
|---|---|---|---|
| 14 | | | 7 |
| 4 | | | 9 |
| 15 | | 3 | |

图 1.35.9

## 1.36    第 7 套问题

1.如果

$$\frac{1-\dfrac{1}{2\,010}}{1-\dfrac{1}{50}}=\frac{m}{n}$$

其中 $m$ 与 $n$ 是没有公因数的正整数,那么 $m-n$ 等于(    ).

(A)1    (B)2    (C)3    (D)4    (E)5

2.数

(A)$4^4 5^5 9^9$    (B)$4^5 5^9 9^4$    (C)$4^9 5^4 9^5$    (D)$4^{95} 5^{49} 9^{54}$    (E)$49^5 54^9 95^4$

中,哪个是完全平方数?

3.数 $2x-y,2y-z,2z-x$ 的平均值是 333.则数 $x+\dfrac{y}{3},y+\dfrac{z}{3},z+\dfrac{x}{3}$ 的平均值是(    ).

(A)111    (B)333    (C)555    (D)444    (E)999

4.如果 $5^{32} 32^5$ 写成十进制数,那么它的数字和是(    ).

(A)5    (B)23    (C)32    (D)35    (E)53

5.在不大于 2 010 的正整数中有多少个数,使每个数只包含数字 0,1,2?(不允许首位数字为0)(    ).

(A)60    (B)62    (C)64    (D)66    (E)6

6.集合 $A$ 由小于 100 的 7 个相继正整数组成,而集合 $B$ 由 11 个相继正整数组成.如果 $A$ 中各数之和等于 $B$ 中各数之和,那么 $A$ 可以包含的最大可能数是(    ).

(A)91    (B)93    (C)95    (D)97    (E)99

7.数 $N=\dfrac{2\,010!\ +2\,009!}{2\,008!}$ 是整数,则 $N$ 的正因数的个数是(    ).

(A)4　　(B)6　　(C)12　　(D)24　　(E)36

8. 在和

$$S=1+2+3-4-5+6+7+8-9-10+\cdots+100$$

中,每 3 个相继符号＋后面有两个相继符号"一". 则 $S$ 等于(　　).

(A)932　　(B)937　　(C)942　　(D)947　　(E)890

9. 如果投 3 个骰子,那么得到点数和至少为 5 点的概率是

(A)$\dfrac{2}{3}$　　(B)$\dfrac{8}{9}$　　(C)$\dfrac{17}{18}$　　(D)$\dfrac{35}{36}$　　(E)$\dfrac{53}{54}$

10. 为使 $m^2-n^2=2\,012$,不同正整数对 $(m,n)$ 的个数是(　　).

(A)0　　(B)1　　(C)2　　(D)3　　(E)4

11. 201 个相继整数之和是 2 010. 则这些整数中的最大数是(　　).

(A)10　　(B)20　　(C)110　　(D)210　　(E)2 010

12. 令 $a,b,c,d$ 是实数,使 $a+b+c+d=2\,010$. 如果 $a+2b=20,b+2c=10$,$c+2d=201$,那么 $d+2a$ 等于(　　).

(A)5 799　　(B)5 789　　(C)7 895　　(D)8 957　　(E)9 578

13. 乘积

$$\left(1+\frac{3}{4}\right)\cdot\left(1+\frac{3}{5}\right)\cdot\cdots\cdot\left(1+\frac{3}{98}\right)$$

等于(　　).

(A)8 332.5　　(B)8 337.5　　(C)8 342.5　　(D)8 347.5　　(E)8 352.5

14. 为使 $9n+16$ 与 $16n+9$ 都是完全平方数,则整数 $n$ 的个数是(　　).

(A)0　　(B)1　　(C)2　　(D)3　　(E) 无限多

# 费马大定理

与不难证明的费马小定理不同,费马大定理的证明是困难的. 事实上,它被证明了 300 多年,直到 1994 年才被证明是正确的. 费马大定理的故事要从古希腊数学家丢番图撰写的书《算术》开始. 这本书与它所包含的数的知识长久被欧洲数学家们所忽略. 在中世纪,它保存在阿拉伯译本中,直到 16 世纪才被翻译成当时的科学语言拉丁语. 丢番图的书所关注的问题是具有整数或有理数解的方程. 因此,具有整数或有理数解的方程称为丢番图方程.

费马是热心阅读丢番图的书的数学家之一. 他在该书的书页边缘做上了注解,包括新发现,但通常没有证明. 费马的《算术》手抄本没有保存下来,但是他儿子出版了《算术》一书的新版本,附有他父亲的注解. 这些注解在接下来的三个世纪激发大量的数学研究.

费马的注解之一，我们称之为费马大定理，特别难以证明或推翻：

没有整数 $x, y, z, n$，使得对 $n > 2$，有

$$x^n + y^n = z^n$$

注意，这个定理不包含 $n = 2$ 的情形，但此时解存在，即勾股数三元组. 费马的注解首次提出了这个定理（注意，正如"平方"表示 2 次幂一样，"立方"表示 3 次幂，而"双二次方"表示 4 次幂）：

不可能把 1 个立方数分解为两个立方数，或把双二次方分解为两个双二次方，或一般地，高于 2 次幂的任何幂分解为两个同次幂；我发现了一个正确的很好的证明，但限于篇幅不能写下这个证明.

在普林斯顿大学工作的英国数学家 A. 怀尔斯在 1994 年首先证明了费马大定理是正确的. 但在本书中讨论它实在是太复杂了. 总的来说要长期寻找费马大定理的证明与完成证明所需要的数学方法，人们普遍认为，费马要证明它的想法是错误的. 另一方面，他的"很好的"证明可能还需重新发现！

## 1.37  牙签数学 Ⅱ

在本节中我们再看几个利用牙签的数学问题.

### 练习题与问题

1. 用 10 支牙签排成图 1.37.1 所示的房屋. 只移动 2 支牙签，把房屋的另一面朝向我们.

图 1.37.1

2. 移动 4 支牙签，得出 3 个全等正方形（图 1.37.2）.

图 1.37.2

3. 除去 8 支牙签，得出 6 个正方形（图 1.37.3）.

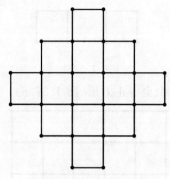

图 1.37.3

4.除去 4 支牙签,得出 8 个全等正方形(图 1.37.4).

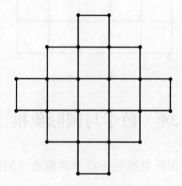

图 1.37.4

5.除去 6 支牙签,得出 4 个正方形(1.37.5).

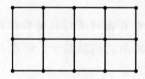

图 1.37.5

6.移动 6 支牙签,得出 3 个正方形(1.37.6).

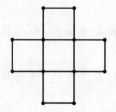

图 1.37.6

7.用 16 支牙签摆成 4 个正方形(图 1.37.7).利用这 16 支牙签摆成 5 个正方形.

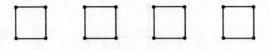

图 1.37.7

8.除去 28 支牙签,得出 4 个全等正方形(图 1.37.8).

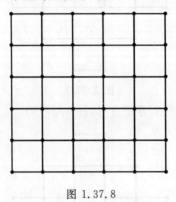

图 1.37.8

## 1.38 数学与国际象棋 Ⅱ

在本节中,我们来看有关国际象棋的一些有趣的数学问题.

### 练习题与问题

1.在国际象棋比赛中,每位参赛者与所有其他参赛者比赛 1 次.在比赛结束时,指挥员与许多参赛者各比赛 1 次.比赛的总场数是 80.则共有多少名参赛者参加了这次国际象棋比赛?

2.棋子"卒"放在 $10 \times 10$ 棋盘的对角线上.每"移动 1 步"由两个"卒"移动到下 1 个方格组成.则所有的"卒"最后能不能移到最底层方格?

3.考虑 1 个正规棋盘.

(1)为了给 64 个方格用这样的方法涂色,使得具有公共边的相邻区域没有相同颜色,则至少需要多少种颜色?

(2)为了给 64 个方格用这样的方法涂色,使得具有公共点的相邻区域没有相同颜色,则至少需要多少种颜色?

4.在 $9 \times 9$ 棋盘的每个方格上有一只蝴蝶.当我拍手 1 次时,每只蝴蝶向上飞,落在它相邻的区域之一,此区域与蝴蝶之前所在区域有公共边.一个区域可能有不止一只蝴蝶.证明:在有限次拍手后,有 1 个区域上没有一只蝴蝶.

5. 两名参赛者轮流把棋子"车"放在棋盘上,以致它们不会互相攻击.不能把"车"放在棋盘上的参赛者就输了,则哪个参加者有得胜策略?

6. 把棋子"马"放在 $8 \times 8$ 棋盘上的隅角.为了使"马"到达相对隅角,则移动的最少次数是多少?

7. 在 $7 \times 7$ 的棋盘上将各方格随机地从 1 到 49 编号.求每行的和与每列的和.在这 14 个和以外,令 $a$ 是奇数和的个数,$b$ 是偶数和的个数.有没有使 $a = b$ 这样的编号?

8. 在 $8 \times 8$ 棋盘的 64 个方格上写数 $-1, 0$ 或 1 中任何一数.有没有这样的写法,使每行的和,每列的和,每条对角线的和不同?

9. 把 0 放在 $3 \times 3$ 棋盘的每个方格上,选择 1 个大小为 $2 \times 2$ 的正方形,使这 4 个方格中每个方格的数增加 1.利用这个过程,我们能得出以下两个构形吗?（图 1.38.1）

| 6 | 6 | 6 |
|---|----|---|
| 8 | 24 | 6 |
| 6 | 6 | 6 |

| 4 | 6 | 6 |
|---|----|---|
| 4 | 24 | 6 |
| 6 | 6 | 6 |

图 1.38.1

10. 除去 $8 \times 8$ 棋盘的两个相对隅角.剩下的表面能否被大小为 $2 \times 1$ 的矩形覆盖?

11. 从 $8 \times 8$ 棋盘上除去 1 个白色方格和 1 个黑色方格.证明:剩下的表面能被大小为 $2 \times 1$ 的矩形覆盖.

12. 将一个正规棋盘的各方格随机地从 1 到 64 编号.证明:存在具有一条公共边的两个方格,使它们的编号之差至少是 5.

# 1.39　密码学 II

在本节中,我们继续看有趣的算式谜问题.

**1. 把减法看作"颠倒"的加法**

把减法读作颠倒的加法,容易分析减法.如

$$\begin{array}{r} COUNT \\ - \quad COIN \\ \hline SNUB \end{array}$$

必须从下到上和从右到左读出,它好像是一连串加法

$$B + N = T + C_1$$
$$U + I = N + C_2$$
$$N + O = U + C_3$$

$$S + C = O + C_4$$

其中 $C_1, C_2, C_3, C_4$ 是进位"0"或"1",它们加到左边下一列.

**2. 寻找加法与减法中的"0"和"9"**

求 0 与 9 的好方法是看包含两个或 3 个相同字母的列.

来看以下加法

$$
\begin{array}{r}
* * * * A \\
+ * * * * A \\
\hline
* * * * A
\end{array}
$$

与

$$
\begin{array}{r}
* * * * B \\
+ * * * * A \\
\hline
* * * * B
\end{array}
$$

列 $A + A = A, B + A = B$ 表示 $A = 0$.

现在在密码主体中看这些相同加法

$$
\begin{array}{r}
* A * * * \\
+ * A * * * \\
\hline
* A * * *
\end{array}
$$

与

$$
\begin{array}{r}
* B * * * \\
+ * A * * * \\
\hline
* B * * A
\end{array}
$$

在这些情形下,我们可以有 $A = 0$ 或 $A = 9$. 它依赖于从前一列有没有"进位1". 换言之,"9"减去 0 每次都得出进位"1".

**3. 寻找加法或减法中的"1"**

看左边数字. 如果是 1 个数字,那么它可能是"1".

引用世界最著名的算式谜

$$
\begin{array}{r}
SEND \\
9567 \\
+ \quad MORE \\
1085 \\
\hline
MONEY \\
10652
\end{array}
$$

"$M$"只能等于1,因为它是从列 $S + M = O (+10)$"进位1". 换言之,"$n$"个数字的加法每次给出全部"$n + 1$"个数字,左边总数的数字一定是"1".

在下面的减法问题中,"$C$"表示数字"1"

$$\begin{array}{r} COUNT \\ -\quad COIN \\ \hline SNUB \end{array}$$

## 练习题与问题

1.

$$\begin{array}{r} XX \\ YY \\ +\quad ZZ \\ \hline XYZ \end{array}$$

2.

$$\begin{array}{r} FIVE \\ +FIVE \\ \hline EVEN \end{array}$$

3.

$$\begin{array}{r} ZEROES \\ +\quad ONES \\ \hline BINARY \end{array}$$

4.

$$\begin{array}{r} ONE \\ TWO \\ TWO \\ THREE \\ +\quad THREE \\ \hline ELEVEN \end{array}$$

## 1.40　幻方 Ⅱ

我们继续讨论令人兴奋的幻方课题. 在这里我们想指出构造幻方的几种方法.

**方法 1**　作出 $3 \times 3$ 幻方.

我们将利用特殊的方法作出幻方. 我们将从具有数 1 的第 1 行中央列开始. 为了求出下一个数的位置,我们将向前移动 1 个方格再向右移动 1 个方格. 如果我们遇到已经填满数的方格,那么从最后这个数向下移动 1 个方格,它就是下一个数的位置. 如果除了它在一条对角线上以外,就在这个方格外移动,那么我们分别在最后 1 行或第 1 列上搜索. 如果它不在对角线上,那么我们从最后 1 个数向下移动 1 个方格.这看来像如下这个幻方(图 1.40.1).

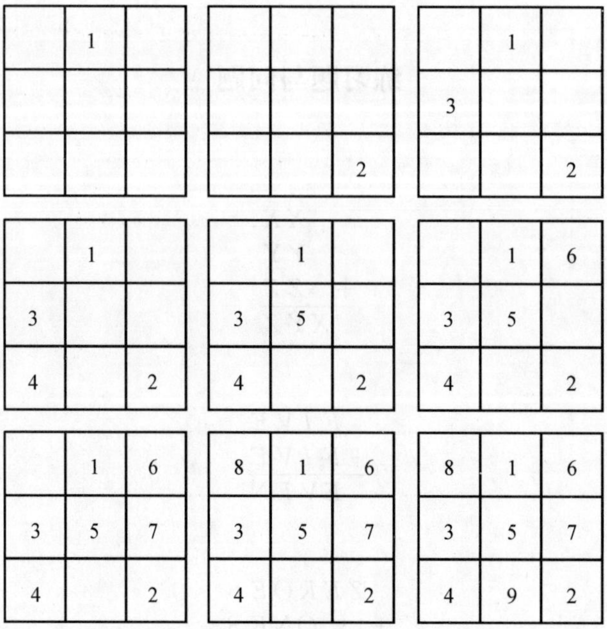

图 1.40.1

**方法 2** 我们来看另一个作出幻方的方法,它适用于奇数边的幻方.

(1) 在幻方的每一边上作 1 个三角形.各三角形底部的方格数应该比幻方一边上的方格数少两个.这在 1 个顶点上建立了幻方(图 1.40.2,图 1.40.3)

(2) 依次把从 1 到 $n^2$ 的数放在 $n \times n$ 幻方的对角线上,如图图 1.40.2 及图 1.40.3 所示.

(3) 重新把不在 $n \times n$ 幻方上的任何一个数(出现在被你增加的棱锥上)安排在幻方上相对的空位上,如图 1.40.2 及图 1.40.3 所示.

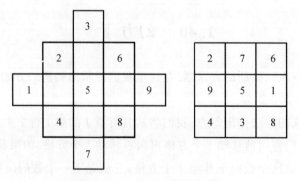

图 1.40.2 3×3 幻方的作法

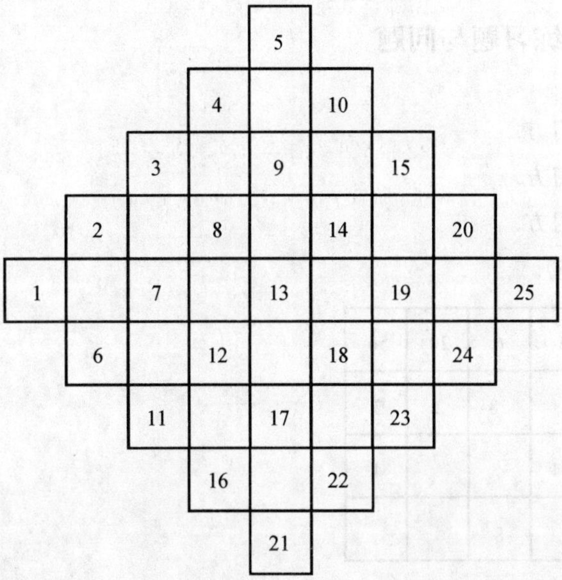

左图(菱形排列):

```
              5
           4     10
        3     9     15
     2     8    14     20
  1     7    13    19    25
     6    12    18     24
       11    17    23
          16    22
             21
```

右图 5×5 幻方:

| 3 | 16 | 9 | 22 | 15 |
|---|----|---|----|----|
| 20 | 8 | 21 | 14 | 2 |
| 7 | 25 | 13 | 1 | 19 |
| 24 | 12 | 5 | 18 | 6 |
| 11 | 4 | 17 | 10 | 23 |

图 1.40.3　5×5 幻方的作法

**方法 3**　我们现在利用另一种方法来作出 4 阶幻方. 从左到右考虑各个方格,只填满对角线上的数. 然后从表格顶部继续从左向右进行,直至填完 16 个数,如图 1.40.4 所示.

| 1 |   |   | 4 |
|---|---|---|---|
|   | 6 | 7 |   |
|   | 10 | 11 |   |
| 13 |   |   | 16 |

| 1 | 15 | 14 | 4 |
|---|----|----|---|
| 12 | 6 | 7 | 9 |
| 8 | 10 | 11 | 5 |
| 13 | 3 | 2 | 16 |

图 1.40.4

**方法 4**　除了我们把数相加的幻方外,还有把数相乘的其他幻方,如图 1.40.5 所示.

| 2 | 9 | 12 |
|---|---|----|
| 36 | 6 | 1 |
| 3 | 4 | 18 |

图 1.40.5

如果我们把任何一行、一列或一条对角线上的各数相乘,那么得出相同的数 216.

## 练习题与问题

1.利用方法 1 的技巧作出 5 阶幻方.

2.利用方法 1 的技巧作出 9 阶幻方.

3.利用方法 2 的技巧作出 7 阶幻方.

4.完成以下乘法幻方(图 1.40.6).

| 1 | 6 | 20 | 56 |
|---|---|----|----|
|   | 28 | 2 | 3 |
| 14 |  |   | 4 |
|   | 8 |   |   |

图 1.40.6

5.考虑以下幻方(图 1.40.7).

| 5 | 22 | 18 |
|---|----|----|
| 28 | 15 | 2 |
| 12 | 8 | 25 |

图 1.40.7

计算每个数的字母数(例如 5 即 five,有 4 个字母),把原数换为字母数(例如,新幻方把 4 代替 5,9 代替 22).你看到了什么?

## 1.41  第 8 套问题

1.化简

$$\frac{1-\dfrac{1}{2\,010}}{\left(5+\dfrac{1}{8}\right)\left(6+\dfrac{1}{8}\right)}$$

2.利用 10 个数字每 1 个恰好 1 次,组成两个五位数,使它们之差尽可能大.

3.下表是小于 1 000 的素数表:

|     |     |     |     |     |     |     |     |     |     |
|-----|-----|-----|-----|-----|-----|-----|-----|-----|-----|
| 2   | 3   | 5   | 7   | 11  | 13  | 17  | 19  | 23  |     |
| 29  | 31  | 37  | 41  | 43  | 47  | 53  | 59  | 61  | 67  |
| 71  | 73  | 79  | 83  | 89  | 97  | 101 | 103 | 107 | 109 |
| 113 | 127 | 131 | 137 | 139 | 149 | 151 | 157 | 163 | 167 |
| 173 | 179 | 181 | 191 | 193 | 197 | 199 | 211 | 223 | 227 |
| 229 | 233 | 239 | 241 | 251 | 257 | 263 | 269 | 271 | 277 |
| 281 | 283 | 293 | 307 | 311 | 313 | 317 | 331 | 337 | 347 |
| 349 | 353 | 359 | 367 | 373 | 379 | 383 | 389 | 397 | 401 |
| 409 | 419 | 421 | 431 | 433 | 439 | 443 | 449 | 457 | 461 |
| 463 | 467 | 479 | 487 | 491 | 499 | 503 | 509 | 521 | 523 |
| 541 | 547 | 557 | 563 | 569 | 571 | 577 | 587 | 593 | 599 |
| 601 | 607 | 613 | 617 | 619 | 631 | 641 | 643 | 647 | 653 |
| 659 | 661 | 673 | 677 | 683 | 691 | 701 | 709 | 719 | 727 |
| 733 | 739 | 743 | 751 | 757 | 761 | 769 | 773 | 787 | 797 |
| 809 | 811 | 821 | 823 | 827 | 829 | 839 | 853 | 857 | 859 |
| 863 | 877 | 881 | 883 | 887 | 907 | 911 | 919 | 929 | 937 |
| 941 | 947 | 953 | 967 | 971 | 977 | 983 | 991 | 997 |     |

有没有 3 个不同数字 $a,b,c$,使 $\overline{abc},\overline{bca},\overline{cab}$ 都是素数?

4. 如果我们投 3 个骰子,求得出点数和至少为 6 的概率.

5. 证明:在 49 名学生中,至少有 5 名出生在同一个月.

6. 考虑表格

$$
\begin{array}{cccccccc}
1 & 2 & & & & & & \\
3 & 4 & 5 & 6 & & & & \\
7 & 8 & 9 & 10 & 11 & 12 & & \\
13 & 14 & 15 & 16 & 17 & 18 & 19 & 20 \\
\cdots & \cdots & \cdots & \cdots & \cdots & \cdots & \cdots & \cdots
\end{array}
$$

包含 2 010 的那一行的行数是多少?

7. 如果 $3a-4b=5,6b-7c=8,9c-10d=11,12d-a=13$,求 $a+b+c+d$.

8. 求最大数,使得如果我们除去它的小数部分,那么得出的整数等于原数的 $\dfrac{5}{6}$.

9. $2n^2$ 恰有 28 个不同的正因数,$3n^2$ 恰有 24 个不同的正因数.则 $6n^2$ 有多少个不同的正因数?

# 埃拉托色尼

埃拉托色尼(Eratosthenes,图 1.41.1)是北非昔勒尼城人,他是古希腊的伟大数学家与地理学家.埃拉托色尼生于公元前 275 年的昔勒尼城,该城是希腊殖民地,现在属于利比亚,他在当时世界最大的文化科学中心埃及亚历山大市学习.埃拉托色尼是著名的亚历山大图书馆的馆长,是阿基米德的好朋友,他卒于公元前 194 年的亚历山大市.埃拉托色尼被称为地理学之父,由于他首先计算出地球周长与求素数的方法——埃拉托色尼筛法而被人们永远铭记.

在他计算地球周长时,希腊人已经知道地球是球形的,但是不知道它有多大.主要的根据是,因为在天空中,从黑海北部古希腊殖民地看到的星星位置比从北非洲殖民地看到的星星位置低得多,所以在天文学上,地球是球形.另外,在人看地平线上的船只时,他们会看到船帆,但看不到船的下部.这些观察与地球是球形一致.

埃拉托色尼知道,在埃及南部西恩尼城(今天称为阿斯旺市),在夏至这一天(一年中白天最长的一天),太阳在天顶,因而物体没有投下影子.在同一天,太阳光线从水井底反射回来.今天我们用这个事实说明,阿斯旺市位于北回归线上,于是这种现象一年只发生一次.在同一天中午,亚历山大市的物体有影子,埃拉托色尼测量了太阳光线与竖直线之间的角约为 7°,即整个圆(360°)的 1/50.假设地球是球形的,亚历山大市恰好在西恩尼市正北方,他计算了地球周长是这两城市距离的 50 倍.不知道他是用希腊视距还是用埃及视距测量的,得出 252 000 个视距,但是在这两种情形下,他的估计是非常好的:如果他用希腊视距作单位(185 米),那么他的估计比我们现在所用地球周长 40 000 千米大 16%,而如果他用埃及视距作单位(157.5 米),那么他的估计比我们现在所用地球周长大 1%.今天我们还知道,地球不是一个精确的球,它是一个椭球.

图 1.41.1　埃拉托色尼
(前 275—前 194)

**埃拉托色尼筛法**:除了首先准确测量地球周长以外,埃拉托色尼还因为提出了寻求素数的有效方法而被人们铭记.为了纪念他,我们称这种方法为埃拉托色尼筛法.我们现在指出怎样用这种方法来寻求小于 50 的所有素数.我们首先写出从 1 到 50 的所有整数,立即删去 1,因为它不是素数:

```
 1    2    3    4    5    6    7    8    9   10
11   12   13   14   15   16   17   18   19   20
21   22   23   24   25   26   27   28   29   30
31   32   33   34   35   36   37   38   39   40
41   42   43   44   45   46   47   48   49   50
```

在第 1 步中,我们删去可被 2 整除的所有数,除 2 本身以外:

```
 1    2    3    4    5    6    7    8    9   10
11   12   13   14   15   16   17   18   19   20
21   22   23   24   25   26   27   28   29   30
31   32   33   34   35   36   37   38   39   40
41   42   43   44   45   46   47   48   49   50
```

在第 2 步中,我们删去可被 3 整除的所有数,除 3 本身以外.注意,其中一些数已经被删了,例如 6:

```
 1    2    3    4    5    6    7    8    9   10
11   12   13   14   15   16   17   18   19   20
21   22   23   24   25   26   27   28   29   30
31   32   33   34   35   36   37   38   39   40
41   42   43   44   45   46   47   48   49   50
```

在第 3 步中,我们删去可被 5 整除的所有数,除 5 本身以外:

```
 1    2    3    4    5    6    7    8    9   10
11   12   13   14   15   16   17   18   19   20
21   22   23   24   25   26   27   28   29   30
31   32   33   34   35   36   37   38   39   40
41   42   43   44   45   46   47   48   49   50
```

在第 4 步中,我们删去可被 7 整除的所有数,除 7 本身以外:

```
 1    2    3    4    5    6    7    8    9   10
11   12   13   14   15   16   17   18   19   20
21   22   23   24   25   26   27   28   29   30
31   32   33   34   35   36   37   38   39   40
41   42   43   44   45   46   47   48   49   50
```

这是最后一步.为什么? 下一个素数 11,大于 50 的平方根.因此,在我们的表格中,可被 11 整除的任一合数一定也可被小于 50 的平方根的某个素数整除.

在我们的表格中只留下 1 到 50 中未被删去的素数.我们用埃拉托色尼筛法筛下它们.它们是:2,3,5,7,11,13,17,19,23,29,31,37,41,43,47.

# 第 2 篇

## 练习题与问题的解答

# 2.1　整数与整除性

1.古戈尔丛数可被 3 整除吗?

**解**　古戈尔丛数的各数字之和是 1,因此它不可被 3 整除.

2.以下各数中哪些数不可被 4 整除:99 998,100 000,100 002,100 004?

**解**　98 和 2 不可被 4 整除,而 0 和 4 可被 4 整除.因此第 1 个和第 3 个数不可被 4 整除.注意 0 可被 4 整除.为什么? 因为 $0 = 4 \cdot 0$.(一般地,0 可被任一非零整数 $a$ 整除,因为 $0 = a \cdot 0$)

3.在 $\dfrac{7}{27}$ 的十进制小数表示式中,求小数点后第 2 013 个数字.提示:知道 $999 = 27 \cdot 37$ 和 $\dfrac{1}{999} = 0.001\ 001\ 001\ 001\cdots$ 是有用的.

**解**　$\dfrac{7}{27} = \dfrac{7 \cdot 37}{27 \cdot 37} = \dfrac{259}{999} = 259 \cdot 0.001\ 001\ 001\cdots = 0.259\ 259\ 259\cdots$.因为 2 013 被 3 除时有余数 0,所以答案是 9.

4.知道怎样求数的素因数分解是有用的.例如 $120 = 2^3 \cdot 3 \cdot 5$.我们也谈到数的数字之积,例如 172 的数字之积是 $1 \cdot 7 \cdot 2 = 14$.

(1)给定一些数的例子,使数的数字之积是 216.求这样的最小数.

(2)有没有 1 个数的数字之积是 140? 如果有,请至少提供 1 个例子;如果没有,请说明理由.

(3)有没有 1 个数的数字之积是 220? 如果有,请至少提供 1 个例子;如果没有,请说明理由.

**解**　(1)因为 $216 = 2^3 \cdot 3^3$ 的例子包含 222 333,232 323,666,等等.最小数是 389.

(2)有.因为 $140 = 2^2 \cdot 5 \cdot 7$,所以可取 2 257.有无限多个解,例如 2 257,22 571,225 711,2 257 111,$\cdots$.

(3)没有.因为 $220 = 2^2 \cdot 5 \cdot 11$,11 不是底为 10 的记数法中的数字.

5.1 个数的数字有 2 000 个 1,2 000 个 2,其他数字是 0.这个数能不能是完全平方数(即另一个整数的平方)? 提示:利用可被 3 和 9 整除的准则.

**解**　这个数的各数字之和是 6 000,于是它可被 3 整除,但不可被 9 整除.如果这个数是平方数,那么因为它可被 3 整除,所以它也会被 9 整除.矛盾,因此它不能是平方数.

6.求所有三位数 $\overline{abc}$,使 $\overline{ab} + \overline{bc} + \overline{ca} = \overline{abc}$.注意:在本题中 $a, b, c$ 是数字.首位数字不容许是 0,于是 $1 \leqslant a, b, c \leqslant 9$.

**解**　已知方程可以改写为 $10a + b + 10b + c + 10c + a = 100a + 10b + c$,由此得 $89a = 10c + b$.因为 $a, b, c$ 是数字,$10c + b < 100$,所以 $a = 1$.于是我们看出 $b = 9, c = 8$.因此

唯一解是 198.

7. 20132013…2013(由数 2 013 重复 2 013 次组成) 被 333 333 除时的余数是多少?

**解** 令 $N$ 是可被 $333\ 333 = 3^2 \cdot 7 \cdot 11 \cdot 13 \cdot 37$ 整除的数. 它的数字之和是 $2\ 013 \cdot (2+0+1+3)$,是 9 的倍数,从而 $N$ 可被 9 整除. $N$ 有 $2\ 013 \cdot 4 = 12 \cdot 671$ 个数字,我们看出,在可被 $7,11,13$ 整除的每个准则中,另一个和是 $013-132+320-201$ 重复 671 次,因此它是 0. 于是 $N$ 可被 $7,11$ 和 13 整除. 因为 37 是 999 的因数,所以可被 37 整除准则使我们得出 $013+132+320+201$ 重复 671 次. 因为 $013+132+320+201 = 666 = 18 \cdot 37$,所以我们求出 $N$ 也可被 37 整除. 在 $7,9,11,13,37$ 中没有两个数有公因数,因此 $N$ 可被 $7 \cdot 9 \cdot 11 \cdot 13 \cdot 37 = 333\ 333$ 整除. 由此我们得出结论,$N$ 被 $333\ 333$ 除时的余数是 0.

## 2.2 运算的顺序

1. 求值: $2 \cdot 5 + 14 \cdot 3 - 8 \cdot 3$.

**解** $2 \cdot 5 + 14 \cdot 3 - 8 \cdot 3 = 10 + 42 - 24 = 10 + 18 = 28$.

2. 求值: $105 \cdot 3 + 16 \div 2^3 + 5^2 + 14^0$.

**解** $105 \cdot 3 + 16 \div 2^3 + 5^2 + 14^0 = 105 \cdot 3 + 16 \div 8 + 25 + 1 = 315 + 2 + 25 + 1 = 315 + 28 = 343$.

3. 求值: $2^3 \cdot 5 + 75^{75} \div 75^{75} - 15^2 \div 3^2 + 2^4$.

**解** $2^3 \cdot 5 + 75^{75} \div 75^{75} - 15^2 \div 3^2 + 2^4 = 8 \cdot 5 + 1 - 225 \div 9 + 16 = 40 + 1 - 25 + 16 = 16 + 16 = 32$.

4. 求值: $4^{92} \div 4^{90} + 2^{10} \div 2^8 - 2\ 009^0 + 1^{2\ 009}$.

**解** $4^{92} \div 4^{90} + 2^{10} \div 2^8 - 2\ 009^0 + 1^{2\ 009} = 4^2 + 2^2 - 1 + 1 = 16 + 4 - 1 + 1 = 20$.

5. 求值: $a = 10^9 - 9 \cdot 10^8 - 9 \cdot 10^7 - 9 \cdot 10^6 - 9 \cdot 10^5 - 9 \cdot 10^4 - 9 \cdot 10^3 - 9 \cdot 10^2 - 9 \cdot 10 - 9$.

**解** 注意

$$10^9 = 10 \cdot 10^8 = (1+9) \cdot 10^8 = 10^8 + 9 \cdot 10^8 =$$
$$10 \cdot 10^7 + 9 \cdot 10^8 =$$
$$(1+9) \cdot 10^7 + 9 \cdot 10^8 =$$
$$10^7 + 9 \cdot 10^8 + 9 \cdot 10^7 =$$
$$10 \cdot 10^6 + 9 \cdot 10^8 + 9 \cdot 10^7 =$$
$$10^6 + 9 \cdot 10^8 + 9 \cdot 10^7 + 9 \cdot 10^6 = \cdots =$$
$$10^2 + 9 \cdot 10^8 + 9 \cdot 10^7 + \cdots + 9 \cdot 10^2 =$$
$$10 \cdot 10 + 9 \cdot 10^8 + 9 \cdot 10^7 + \cdots + 9 \cdot 10^2 =$$
$$9 \cdot 10^8 + 9 \cdot 10^7 + \cdots + 9 \cdot 10^2 + 9 \cdot 10 + 9 + 1$$

由此在我们合并同类项后,得出 $a = 1$.

6.求值: $2\,009 - 2\,009 \div [2\,009 - 2\,009 \cdot (2\,009 - 2\,009)]$.

**解** $2\,009 - 2\,009 \div [2\,009 - 2\,009 \cdot (2\,009 - 2\,009)] = 2\,009 - 2\,009 \div 2\,009 = 2\,009 - 1 = 2\,008$.

7.求值: $4\,794 \div \{120 \div 5 + 15 \div 3 \cdot [265 - (50 \div 25) \cdot 65] + 100\}$.

**解** $4\,794 \div [120 \div 5 + 15 \div 3 \cdot (265 - 2 \cdot 65) + 100] = 4\,794 \div (24 + 5 \cdot 135 + 100) = 4\,794 \div 799 = 6$.

8.在 $12 + 12 \div 6 - 2 \cdot 3$ 中添上一组小括号 ( ),得出答数 12.

**解** 这是一个相当简单的问题,我们可以利用尝试方法.一旦注意到 $12 \div 6 - 2 = 0$,就可以写出

$$12 + (12 \div 6 - 2) \cdot 3 = 12$$

9.求值: $(3 - 4)^5 + (4 - 5)^3 + (5 - 3)^4$.

**解** $(3 - 4)^5 + (4 - 5)^3 + (5 - 3)^4 = (-1)^5 + (-1)^3 + 2^4 = -1 - 1 + 16 = 14$.

10.求值: $(128 - 2)(128 - 2^2)(128 - 2^3) \cdots (128 - 2^8)$.

**解** 因为 $128 = 2^7$,所以有 1 个因数是 $2^7 - 2^7 = 0$,因此乘积是 0.

# 2.3 前 100 个正整数之和

1.求值: $1 + 2 + \cdots + 1\,000$.

**解** 由具有 $n = 1\,000$ 的前 $n$ 个自然数之和公式,我们求出

$$1 + 2 + \cdots + 1\,000 = \frac{1\,000 \cdot 1\,001}{2} = 500\,500$$

2.求值: $101 + 102 + \cdots + 1\,000$.

**解** 已知

$$1 + 2 + \cdots + 100 = \frac{100 \cdot 101}{2} = 5\,050$$

和

$$1 + 2 + \cdots + 1\,000 = \frac{1\,000 \cdot 1\,001}{2} = 500\,500$$

则我们有

$$101 + 102 + \cdots + 1\,000 = 500\,500 - 5\,050 = 495\,450$$

3.求前 $n$ 个偶数和公式

$$2 + 4 + 6 + \cdots + 2n$$

**解** 我们把前 $n$ 个偶数和变换如下

$$2+4+6+\cdots+2n=$$
$$2\cdot(1+2+\cdots+n)=$$
$$2\cdot\frac{n(n+1)}{2}=n(n+1)$$

4.求前 $n$ 个奇数和公式

$$1+3+5+\cdots+(2n-1)$$

**解** 我们可以把前 $n$ 个奇数和变换如下

$$1+3+5+\cdots+(2n-1)=$$
$$(2-1)+(4-1)+(6-1)+\cdots+(2n-1)=$$
$$2+4+6+\cdots+2n-n\cdot1=$$
$$n(n+1)-n=$$
$$n^2+n-n=$$
$$n^2$$

这个结果有有趣的几何解释,如图 2.3.1 所示.

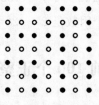

图 2.3.1

前 $n$ 个奇数和公式的几何解释,在前 7 个奇数情形下为:$1+3+5+7+9+11+13=7^2$.

5.在数列

$$1,3,3,3,5,5,5,5,5,7,7,7,7,7,7,7,\cdots$$

中,哪个数占用第 2 013 这个位置?

**解** 在上述问题中我们看出

$$1+3+5+\cdots+(2n-1)=n^2$$

最邻近 2 013 的完全平方数是 1 936$=44^2$ 和 2 025$=45^2$.第 44 个和第 45 个奇数分别为 87 和 89.最后的数 87 占用第 1 936 这个位置,第 1 个数 89 占用第 1 937 这个位置,而最后的数 89 占用 2 025 这个位置.所以答案是 89.

6.所有三角形数 $T_n$ 都是整数,所以 $n(n+1)$ 一定可被 2 整除.给出这个事实的另一种证明.

**证** 乘积 $n(n+1)$ 是两个相继整数的积,因此其中一数是偶数.偶数与奇数的积是偶数.

7.证明:$n(n+1)(n+2)$ 恒可被 6 整除.

**证**    乘积 $n(n+1)(n+2)$ 是三个相继整数的积,于是其中一数可被 3 整除,其中至少有一个数可被 2 整除.因此 $n(n+1)(n+2)$ 恒可被 $2 \cdot 3 = 6$ 整除.

## 2.4    公    因    数

1.求值:$75 \cdot 211 + 61 \cdot 75 + 75 \cdot 60 + 75 \cdot 81$.

**解**    我们可以把各整数写成
$$75 \cdot 211 + 75 \cdot 61 + 75 \cdot 60 + 75 \cdot 81 =$$
$$75 \cdot (211 + 61 + 60 + 81) = 75 \cdot 413 = 30\ 975$$

2.求值:$8\ 624 \cdot 309 - 8\ 624 \cdot 109$.

**解**    我们有
$$8\ 624 \cdot 309 - 8\ 624 \cdot 109 =$$
$$8\ 624 \cdot (309 - 109) =$$
$$8\ 624 \cdot 200 = 1\ 724\ 800$$

3.求值:$236 \cdot 147 - 146 \cdot 236$.

**解**
$$236 \cdot 147 - 146 \cdot 236 =$$
$$236 \cdot 147 - 236 \cdot 146 =$$
$$236 \cdot (147 - 146) =$$
$$236 \cdot 1 = 236$$

4.求值:$824 \cdot 29 + 824 \cdot 71 - 824 \cdot 100$.

**解**
$$824 \cdot 29 + 824 \cdot 71 - 824 \cdot 100 =$$
$$824 \cdot (29 + 71 - 100) =$$
$$824 \cdot (100 - 100) = 824 \cdot 0 = 0$$

5.求值:$35 \cdot 1\ 993 + 1\ 991 \cdot 35 - 35 \cdot 3\ 980$.

**解**    我们可以把各整数写成
$$35 \cdot (1\ 993 + 1\ 991 - 3\ 980) = 35 \cdot (3\ 984 - 3\ 980) = 35 \cdot 4 = 140$$

6.如果 $a = 58 \cdot 125 - 25 \cdot 58$,则(    ).

(A)$a = 580$                    (B)$a = 460$

(C)$a = 5\ 800$                 (D)$a = 4\ 800$

**解**    我们有 $a = 58 \cdot (125 - 25) = 58 \cdot 100 = 5\ 800$,答案是(C).

7.$1\ 999 \cdot 1\ 999 + 1\ 999$ 的结果是多少?

**解** 我们有

$$1\,999 \cdot 1\,999 + 1\,999 = 1\,999 \cdot (1\,999 + 1) = 1\,999 \cdot 2\,000 = 3\,998\,000$$

8.$(1\,999 \cdot 1\,999 + 1\,999) \div 1\,999$ 的结果是多少？

**解** 我们有

$$1\,999 \cdot (1\,999 + 1) \div 1\,999 = 1\,999 \cdot 2\,000 \div 1\,999 = 2\,000$$

9.求值：$10\,000\,000 - 100\,000 \cdot 90$.

**解** 我们可以写成

$$100\,000 \cdot 100 - 100\,000 \cdot 90 =$$
$$100\,000 \cdot (100 - 90) =$$
$$100\,000 \cdot 10 = 1\,000\,000$$

10.求值：$1\,324 + 1\,324 \cdot 1\,326 - 1\,327 \cdot 1\,323$.

**解**

$$1\,324 + 1\,324 \cdot 1\,326 - 1\,327 \cdot 1\,323 =$$
$$1\,324 \cdot (1 + 1\,326) - 1\,327 \cdot 1\,323 =$$
$$1\,324 \cdot 1\,327 - 1\,327 \cdot 1\,323 =$$
$$1\,327 \cdot (1\,324 - 1\,323) = 1\,327 \cdot 1 = 1\,327$$

11.证明：$(3^{201} + 3^{204}) \div (3^{201} - 3^{200} + 3^{199})$ 是完全平方数.

**证** 我们可以写出

$$(3^{201} + 3^{204}) \div (3^{201} - 3^{200} + 3^{199}) =$$
$$3^{201} \cdot (1 + 3^3) \div [3^{199}(3^2 - 3 + 1)] =$$
$$3^2 \cdot (1 + 27) \div (9 - 3 + 1) =$$
$$3^2 \cdot 28 \div 7 =$$
$$3^2 \cdot 2^2 =$$
$$6^2$$

## 2.5 解线性方程

1.乔的衣袋中有 52 美元.在他买了 16 支铅笔后,还剩下 44 美元.每支铅笔的价格是多少？尝试用推测与代数运算的方法求解.

**解** 乔用 $52 - 44 = 8$ 美元买了 16 支铅笔,于是每支铅笔价值 50 美分.为了用代数运算解这个问题,我们首先设未知价格为 $x$ 美元.于是把方程写成

$$44 + 16x = 52$$

如果从两边减去 44,得

$$16x = 52 - 44$$

最后得

$$16x = 8$$

因此

$$x = \frac{8}{16} = 0.5$$

2．解以下线性方程组

$$\begin{cases} 3x + 2y = 498 \\ 2x + 3y = 497 \end{cases}$$

尝试用推测和变量代换的方法求解．

**解**　我们由第 1 个方程可以写出

$$y = \frac{498 - 3x}{2}$$

把它代入第 2 个方程时，得出只含 1 个未知数的方程

$$2x + 3 \cdot \frac{498 - 3x}{2} = 497$$

利用代数运算法则，得

$$2x - \frac{9}{2}x = 497 - \frac{3 \cdot 498}{2}$$

于是

$$\frac{5}{2}x = \frac{500}{2}$$

得 $x = 100$．代回 $y$ 的表达式，得

$$y = \frac{498 - 3x}{2} = \frac{198}{2} = 99$$

3．一只小船以速度 $v$ 顺流航行，在 2 小时中航行了 48 千米的距离．这只小船返航时，逆流而上，在 4 小时中航行了相同距离．求小船的速度 $v$ 与水流的速度 $w$．

**解法 1**　用第 1 个方程描述顺流情形，这时船对河岸的速度是 $v+w$．用第 2 个方程描述逆流情形，这时船对河岸的速度是 $v-w$．在这两个方程中我们利用了以下事实：速度乘时间等于这段时间中航行的距离

$$\begin{cases} 2(v + w) = 48 \\ 4(v - w) = 48 \end{cases}$$

把它们分别除以 2 和 4，可以化简这些方程为

$$\begin{cases} v + w = 24 \\ v - w = 12 \end{cases}$$

由第 1 个方程我们可以写出 $w = 24 - v$，把它代入第 2 个方程，得 $2v - 24 = 12$，这给出 $v =$

18 千米 / 小时,于是 $w=6$ 千米 / 小时.

**解法 2** 我们再看另一种不同的方法,从最后的方程组开始

$$\begin{cases} v+w=24 \\ v-w=12 \end{cases}$$

如果把这两个方程相加,得 $2v=36$,由此得出 $v=18$ 千米 / 小时;如果把这两个方程相减,得 $2w=12$,由此得出 $w=6$ 千米 / 小时.

这个方法包含解线性方程组很重要的方法原理 —— 高斯消元法.

4. 我考虑了两个数.它们之和是 2 013,它们之差是它们之和的 1/3.那么我考虑的是哪两个数?

**解** 如果这两个数是 $x$ 和 $y$,那么方程为

$$\begin{cases} x+y=2\,013 \\ x-y=\dfrac{2\,013}{3} \end{cases}$$

利用与前一问题相同的方法(高斯消元法),得

$$2x=\frac{4}{3}\cdot 2\,013$$

于是

$$x=\frac{2}{3}\cdot 2\,013=1\,342$$

和

$$2y=\frac{2}{3}\cdot 2\,013$$

于是

$$y=\frac{1}{3}\cdot 2\,013=671$$

5. 我的年龄比我女儿的年龄大 30 岁.如果我的年龄比我实际年龄年轻 2 倍,女儿的年龄比她实际年龄多 8 岁,那么我们将有相同的年龄.请问我们各自多少岁了?

**解** 如果我们的年龄是 $x$ 和 $y$,那么可以写出

$$\begin{cases} x-y=30 \\ \dfrac{x}{2}=y+8 \end{cases}$$

从第 1 个方程可以写出 $y=x-30$,代入第 2 个方程,给出

$$\frac{x}{2}=x-30+8$$

因此 $x=44$,把这个值代入 $y=x-30$,得 $y=14$.

## 2.6　幂的比较

1. 比较整数

$$a = 2^{113} - 2^{112} - 2^{111}$$

与

$$b = 27^{34} \div 9^{14}$$

**解**　我们有

$$a = 2^{111+2} - 2^{111+1} - 2^{111} = 2^{111} \cdot 2^2 - 2^{111} \cdot 2 - 2^{111} =$$
$$2^{111}(2^2 - 2 - 1) = 2^{111}$$

与

$$b = (3^3)^{34} \div (3^2)^{14} = 3^{3 \cdot 34} \div 3^{2 \cdot 14} = 3^{102} \div 3^{28} = 3^{74}$$

注意到 $111 = 3 \cdot 37$ 与 $74 = 2 \cdot 37$.

于是可以写出 $a = 2^{3 \cdot 37} = (2^3)^{37} = 8^{37}$, $b = 3^{2 \cdot 37} = (3^2)^{37} = 9^{37}$. 因为 $9 > 8$, 所以得 $b > a$.

2. 令 $a = 2^{90} + 2^{90} + 2^{91} + 2^{92}$, $b = 3^{62}$. 则（　　）.

(A) $a > b$　　　(B) $a = b$　　　(C) $a < b$

**解**　我们可以写出

$$a = 2 \cdot 2^{90} + 2^{91} + 2^{92} = 2^{1+90} + 2^{91} + 2^{92} = 2^{91} + 2^{91} + 2^{92} =$$
$$2 \cdot 2^{91} + 2^{92} = 2^{1+91} + 2^{92} = 2^{92} + 2^{92} =$$
$$2 \cdot 2^{92} = 2^{1+92} = 2^{93}$$

注意到 $93 = 3 \cdot 31$, $62 = 2 \cdot 31$, 因此 $a = 2^{3 \cdot 31} = (2^3)^{31} = 8^{31}$, $b = 3^{2 \cdot 31} = (3^2)^{31} = 9^{31}$. 因为 $9 > 8$, 所以得 $a < b$, 正确答案是 (C).

3. 比较整数 $a = 2^{n+2} + 3 \cdot 2^{n+1} - 9 \cdot 2^n$ 与 $b = 2^{n+1} \cdot 5^n - 10^n$, 其中 $n$ 是正整数.

**解**　我们有

$$a = 2^n \cdot 2^2 + 3 \cdot 2^n \cdot 2 - 9 \cdot 2^n =$$
$$2^n \cdot (2^2 + 3 \cdot 2 - 9) = 2^n$$

与

$$b = 2 \cdot 2^n \cdot 5^n - (2 \cdot 5)^n = 2 \cdot 2^n \cdot 5^n - 2^n \cdot 5^n =$$
$$2^n \cdot 5^n (2 \quad 1) = 2^n \cdot 5^n = 10^n$$

因为 $10 > 2$, 所以显然是 $a < b$.

4. 令 $a = 2^{m+3} - 2^{m+2} + 2^{m+1} - 2^m$, $b = 3^{n+2} - 3^{n+1} - 3^n$, 其中 $m$ 与 $n$ 是正整数. 如果 $m = 153$, $n = 102$, 比较 $a$ 与 $b$.

**解**　我们有

$$a = 2^{m+3} - 2^{m+2} + 2^{m+1} - 2^m =$$
$$2^m \cdot (2^3 - 2^2 + 2 - 1) =$$
$$5 \cdot 2^m$$

与

$$b = 3^n \cdot (3^2 - 3 - 1) = 5 \cdot 3^n$$

注意到 $153 = 3 \cdot 51, 102 = 2 \cdot 51$. 于是 $a = 5 \cdot 2^{3 \cdot 51} = 5 \cdot (2^3)^{51} = 5 \cdot 8^{51}, b = 5 \cdot 3^{2 \cdot 51} = 5 \cdot (3^2)^{51} = 5 \cdot 9^{51}$. 因为 $9 > 8$, 所以得 $b > a$.

5. 比较整数 $a = 5 \cdot 8^{51}$ 与 $b = 4 \cdot 9^{51}$.

**解** 在这种情形下，我们不能立即比较 $a$ 与 $b$. 首先注意 $a$ 的潜在优点，即因数 5 实际上并不大，因为

$$5 \cdot 8^2 < 4 \cdot 9^2$$

而这正是我们解答的根据

$$a = 5 \cdot 8^{51} = 5 \cdot 8^2 \cdot 8^{49} = 320 \cdot 8^{49}$$
$$b = 4 \cdot 9^{51} = 4 \cdot 9^2 \cdot 9^{49} = 324 \cdot 9^{49}$$

因此显然是 $b > a$.

6. 考虑 $a = 121^{17}, b = 7^{34}, c = 3^{68}, d = 4^{51}$. 则(      ).

(A) $a > c > d > b$

(B) $a > b > c > d$

(C) $b > c > a > d$

(D) $b > a > c > d$

**解** 我们有

$$b = 7^{2 \cdot 17} = (7^2)^{17} = 49^{17}$$
$$c = 3^{4 \cdot 17} = (3^4)^{17} = 81^{17}$$
$$d = 4^{3 \cdot 17} = 64^{17}$$

因为 $121 > 81 > 64 > 49$, 所以得 $a > c > d > b$.

7. 以递增顺序写出整数 $8^{168}, 126^{72}, 129^{72}$.

**解** 我们有

$$8^{168} = (2^3)^{168} = 2^{3 \cdot 168} = 2^{504} = 2^{7 \cdot 72} = (2^7)^{72} = 128^{72}$$

因此

$$126^{72} < 128^{72} < 129^{72}$$

即得出递增顺序为

$$126^{72} < 8^{168} < 129^{72}$$

8. 以递减顺序写出整数 $8^{168}, 63^{84}, 126^{72}, 129^{72}$.

**解** 我们有

$$63^{84} = 63^{7 \cdot 12} = (63^7)^{12} = (63^6 \cdot 63)^{12} < (63^6 \cdot 64)^{12} =$$
$$(63^6 \cdot 2^6)^{12} = ((63 \cdot 2)^6)^{12} = (126^6)^{12} =$$
$$126^{6 \cdot 12} = 126^{72}$$

由此得出递减顺序为

$$129^{72} > 8^{168} > 126^{72} > 63^{84}$$

9. 比较 $123^{456}$ 与 $654^{342}$.

**解** 注意到 $456 = 4 \cdot 114, 342 = 3 \cdot 114$.

于是 $123^{456} = 123^{4 \cdot 114} = (123^4)^{114}, 654^{342} = 654^{3 \cdot 114} = (654^3)^{114}$.

比较 $123^4$ 与 $654^3$, 得

$$123^4 = 228\ 886\ 641$$

和

$$654^3 = 279\ 726\ 264$$

因此 $123^4 < 654^3$. 由此得 $123^{456} < 654^{342}$.

# 2.7  第 1 套问题

1. 求形如 $\overline{xyxz}$ 的所有数, 使它们可被 11,12,13 整除.

**解** 因为 $12 = 2^2 \cdot 3$, 而 11 与 13 是素数, 所以这些数没有公因数, 因此它们的所有公倍数是 $11 \cdot 12 \cdot 13n (n = 1, 2, \cdots)$. $11 \cdot 12 \cdot 13$ 的四位公倍数只是 1 716, 3 432, 5 148, 6 864, 8 580. 其中只有 5 148 没有所要求的形式.

2. 考虑数列 $1, 5, 9, 13, 17, \cdots$:

(1) 求这个数列的第 2 013 项.

(2) 2 013 是这个数列的一项吗?

**解** 第 $n$ 项是 $4n - 3$, 因此第 2 013 项是 $4 \cdot 2\ 013 - 3 = 8\ 049$. 因为 $4n - 3 = 2\ 013$ 有整数解 $(n = 504)$, 所以 2 013 是数列的第 504 项.

3. 求值: $3 + 6 + 9 + \cdots + 2\ 013$.

**解**
$$3 + 6 + 9 + \cdots + 2\ 013 =$$
$$3(1 + 2 + 3 + \cdots + 671) =$$
$$3 \cdot \frac{671 \cdot 672}{2} =$$
$$3 \cdot 671 \cdot 336 =$$
$$676\ 368$$

4. 有多少个五位数只由偶数组成, 其中至少有 1 个数字是 2?

**解** 有 $4 \cdot 5^4$ 个五位数只由偶数组成 (第 1 个数字有 4 种选择, 剩下各数字中每个数

字有 5 种选择). 也有 $3 \cdot 4^4$ 个五位数由数字 0,4,6,8 组成. 因此答案是 $4 \cdot 5^4 - 3 \cdot 4^4 = 1\ 732$.

5. 写出以下奇数的数列而不把它们分开

$$135791113151719 21\cdots$$

求占用第 2 013 这个位置的数字.

**解** 前 5 个数字来自 5 个一位奇数字的数. 接下来 90 个数字来自 45 个两位奇数字的数. 它们后面 $3 \cdot 450 = 1\ 350$ 个数字来自 450 个三位奇数字的数. 至此总数是 $5 + 90 + 1\ 350 = 1\ 445$. 因为 $2\ 013 - 1\ 445 = 568,568$ 可被 4 整除,所以我们所求的数字是第 142 个四位奇数字的数(这是 $1\ 000 + 142 \cdot 2 - 1 = 1\ 283$). 因此这个数列的第 2 013 个数字是 3.

6. 令 $n$ 是大于 1 的整数. 证明:

(1) $2^n$ 可以写成 2 个相继奇数之和.

(2) $3^n$ 可以写成 3 个相继奇数之和.

(3) $4^n$ 可以写成 4 个相继奇数之和.

**证**

(1) $2^n = (2^{n-1} - 1) + (2^{n-1} + 1)$.

(2) $3^n = (3^{n-1} - 2) + 3^{n-1} + (3^{n-1} + 2)$.

(3) $4^n = (4^{n-1} - 3) + (4^{n-1} - 1) + (4^{n-1} + 1) + (4^{n-1} + 3)$.

7. 在从 1 到 111 的整数数列中,数字 1 出现了多少次?

**解** $10,12,\cdots,19$:9 次.

$1,11,21,31,\cdots,91$:11 次.

$100,101,\cdots,109$:11 次.

$110,111$:5 次.

总共出现 36 次.

8. 证明

$$145\ 678 + 456\ 781 + 567\ 814 + 678\ 145 + 781\ 456 + 814\ 567$$

是 6 个不同素数之积.

**证** 记 $145\ 678 = 1 \cdot 10^5 + 4 \cdot 10^4 + 5 \cdot 10^3 + 6 \cdot 10^2 + 7 \cdot 10 + 8$,对剩下的各数也这样做. 因为数字 1,4,5,6,7,8 在每个六位数的位置中恰好只出现 1 次,所以相加的结果是

$$(1 + 4 + 5 + 6 + 7 + 8) \cdot (10^5 + 10^4 + 10^3 + 10^2 + 10 + 1) =$$

$$31 \cdot 111 \cdot 1\ 001 = 31 \cdot 3 \cdot 37 \cdot 11 \cdot 7 \cdot 13$$

9. 把两个小括号( )插入下式

$$4 \cdot 7 + 5 \cdot 6 \cdot 10 + 1$$

得出 2 013.

**解** 我们知道 $2\ 013 = 3 \cdot 11 \cdot 61$,因此尝试把各项分组如下,得

$$(4 \cdot 7 + 5) \cdot (6 \cdot 10 + 1) = 33 \cdot 61 = 2\,013$$

10. 求所有素数,使它们可以写成两个其他素数之和与差.

**解**　令 $p = q + r, p = s - t$. 我们可设 $q > r$,则一定有 $r = 2, t = 2$,否则 $p$ 将是大于 2 的偶数,因此不是素数. 于是 $p = q + 2, p = s - 2$. 从而看出 $q = p - 2$ 和 $s = p + 2$ 是 3 个相继奇数. 因此其中之一是 3 的倍数. 但是因为这些数都是素数,所以这个倍数一定是 3 本身. 而 $p = 3, s = 3$ 的情形不成立,因为 1 不是素数. 因此唯一解是 $p = 5$,使 $q = 3, s = 7$ 是素数.

11. 在下列数中,222 的正上方是什么数?

$$
\begin{array}{c}
1 \\
2 \quad 3 \quad 4 \\
5 \quad 6 \quad 7 \quad 8 \quad 9 \\
10 \quad 11 \quad 12 \quad \cdots
\end{array}
$$

**解**　第 $k$ 行最后一个数是 $k^2$. 于是第 14 行以 196 结束,第 15 行以 225 结束. 从而 222 位于第 15 行 225 左边第 3 个位置. 因此,222 上方是 196 左边第 2 个位置的数 194.

## 2.8　整数的末位数字

1. 求 $2\,009^{2\,009}$ 的末位数字.

**解**　因为 $2\,009^{2\,009} = (200 \cdot 10 + 9)^{2\,009} = 10k + 9^{2\,009}$,所以这个数的末位数字由 $9^{2\,009}$ 的末位数字给出. 因为 2 009 是奇数,所以得出末位数字是 9.

2. 考虑整数

$$N = 2\,007 + 2\,007^3 + 2\,007^5 + \cdots + 2\,007^{2n-1}$$

其中 $n$ 是正整数. 证明:

(1) 如果 $n = 50$,那么 $N$ 的末位数字是 0.

(2) 如果 $n = 101$,那么 $N$ 的末位数字是 7.

**证**　(1) 如果 $n = 50$,那么

$$N = 2\,007 + 2\,007^3 + 2\,007^5 + 2\,007^7 + \cdots + 2\,007^{97} + 2\,007^{99}$$

注意力集中在末位数字,我们看出 $N$ 等价于

$$7 + 3 + 7 + 3 + \cdots + 7 + 3$$

因此 $N$ 的末位数字是 0.

(2) 如果 $n = 101$,那么我们有奇数项,于是最后的 7 不与 3 配成对,因此 $l(N) = 7$.

3. 证明:对任一正奇数 $n, 3^n + 7^n$ 的末位数字是 0.

**证**　令 $A = 3^n + 7^n$. 如果 $n = 4s + 1$,那么 $l(3^n) = 3, l(7^n) = 7$. 我们得 $l(A) = 0$. 如果 $n = 4s + 3$,那么 $l(3^n) = 7, l(7^n) = 3$,因此 $l(A) = 0$.

4. 求 $(10^{2\,000} - 9) \cdot 10^2$ 的数字之和.

**解** 我们可以写出

$$(10^{2\,000} - 9) \cdot 10^2 = \underbrace{99\cdots9}_{1\,999个}100$$

因此这个整数的数字之和是 $9 \cdot 1\,999 + 1 = 17\,992$.

5. 求 $10^{15} - 231$ 的末三位数字.

**解** 我们有

$$10^{15} - 231 = \underbrace{99\cdots9}_{12个}769$$

因此这个整数的末三位数字是 769.

6. 求以下整数的末位数字

$$N = 1 \cdot 2 \cdot 3 \cdot 4 \cdots 98 \cdot 99 - 1 \cdot 3 \cdot 5 \cdot 7 \cdots 97 \cdot 99$$

**解** 第 1 项 $1 \cdot 2 \cdot 3 \cdots 99$ 可被 10 整除,而第 2 项 $1 \cdot 3 \cdot 7 \cdots 97 \cdot 99$ 是 5 的奇倍数,因此它的末位数字是 5. 最后 $l(N) = 5$.

7. 求 $2^{1+2+3+\cdots+2\,009}$ 的末位数字.

**解** 我们有 $2^{1+2+3+\cdots+2\,009} = 2^{\frac{2\,009 \cdot 2\,010}{2}} = 2^{2\,009 \cdot 1\,005}$. 整数 $2\,009 \cdot 1\,005$ 具有形式 $4s + 1$,因此 $2^{2\,009 \cdot 1\,005}$ 的末位数字是 2.

8. 求 $50!$ 的末尾 0 的个数.

**解** 因为 $50!$ 中 2 的因数比 5 的因数多,所以我们必须在 $50! = 1 \cdot 2 \cdot 3 \cdots 50$ 中求出 5 的指数. 这个指数由以下因数给出

$$5, 2 \cdot 5, 3 \cdot 5, 4 \cdot 5, 5^2, 6 \cdot 5, 7 \cdot 5, 8 \cdot 5, 9 \cdot 5, 2 \cdot 5^2$$

它是 12,由此得,$50!$ 末尾有 12 个 0.

## 2.9 素　　数

1. 求满足 $3a + 6b + 2c = 27$ 的所有素数 $a, b, c$.

**解** 因为 $2c = 27 - 3a - 6b = 3(9 - a - 2b)$,所以得 $c$ 可被 3 整除,从而 $c = 3$. 我们得 $3a + 6b = 21$,即 $a + 2b = 7$. 唯一的解可能是 $a = 3, b = 2$. 所以 $a = 3, b = 2, c = 3$.

2. 求所有素数 $a, b, c$,使 $a + b + c = 86, a + c = 55$.

**解** 显然 $a$ 或 $c$ 应该是 2,否则 $a + c$ 是偶数. 设 $a = 2$,则得 $c = 53$. 代入第 1 个关系式,得 $53 + b + 2 = 86$,即 $b = 31$.

则两个解是

$$a = 2, b = 31, c = 53$$

和

$$a = 53, b = 31, c = 2$$

3. 求所有正整数 $n$，使 $n+1, n+3, n+7, n+9, n+15$ 都是素数.

**解法 1**　如果 $n=1$，那么 $n+3=4$ 不是素数.

如果 $n=2$，那么 $n+7=9$ 不是素数.

如果 $n=3$，那么 $n+3=6$ 不是素数.

如果 $n=4$，那么得 $5,7,11,13,19$ 都是素数.

如果 $n \geqslant 5$，那么 $n$ 是具有形式 $5k, 5k+1, 5k+2, 5k+3$ 或 $5k+4$ 之一，其中 $k \geqslant 1$.

在第 1 种情形下，我们有 $n+15=5k+15=5(k+3)$，它是合数. 在第 2 种情形下，我们有 $n+9=5k+10=5(k+2)$，它也是合数. 如果 $n=5k+2$，那么 $n+3=5k+5=5(k+1)$，它是合数. 如果 $n=5k+3$，那么我们有 $n+7=5k+10=5(k+2)$，还是合数. 在最后一种情形下，我们得 $n+1=5k+5=5(k+1)$，它是合数. 因此唯一解是 $n=4$.

**解法 2**　在任何 5 个相继整数中，有 5 的倍数. 特别地，$n+1, n+2, n+3, n+4, n+5$ 之一是 5 的倍数. 把 5 的倍数加到其中某数上（它不改变我们是否有 5 的倍数），我们看出 $n+1, n+7, n+3, n+9, n+15$ 之一是 5 的倍数. 但是因为这些数都是素数，所以这个倍数一定是 5 本身. 对 5 足够小的两种情形只能是 $n+1$（如果 $n=4$）与 $n+3$（如果 $n=2$）. 第 2 种情形不成立，因为 $2+7=9$ 不是素数，但是第 1 种情形给出素数 $5,7,11,13,19$. 因此唯一解是 $n=4$.

4. 求所有正整数 $n$，使 $n+1, n+5, n+7, n+11, n+13, n+17, n+23$ 都是素数.

**解法 1**　可以考虑 $n$ 在被 7 除后留下的余数的不同情形来解答这个问题. 我们也可以说，看 $n(\bmod 7)$ 的不同情形. 当 $n<7$ 时，只有 $n=6$ 使我们得出素数 $(7,11,13,17,19,23,29)$. 对 $n \geqslant 7$，我们有以下各种情形，其中没有一种情形产生另外的解：

(1) 如果 $n=7k$，那么为使 $n$ 是素数，它必须是 $n=7$. 在这种情形下，$n+7$ 不能是素数.

(2) 如果 $n=7k+1$，那么 $n+13=7k+14=7(k+2)$ 不是素数.

(3) 如果 $n=7k+2$，那么 $n+5=7(k+1)$ 不是素数.

(4) 如果 $n=7k+3$，那么 $n+11=7(k+2)$ 不是素数.

(5) 如果 $n=7k+4$，那么 $n+17=7(k+3)$ 不是素数.

(6) 如果 $n=7k+5$，那么 $n+23=7(k+4)$ 不是素数.

(7) 如果 $n=7k+6$，那么 $n+1=7(k+1)$ 不是素数.

因此唯一解是 $n=6$.

**解法 2**　在 7 个相继整数 $n+1, \cdots, n+7$ 中一定有 1 个是 7 的倍数. 把 7 的倍数加到其中某数上（它不改变我们是否有 7 的倍数），我们看出 $n+1, n+23, n+17, n+11, n+5, n+13, n+7$ 中之一是 7 的倍数. 因为这些数都是素数，所以这个倍数一定是 7 本身. 其中只有两个数对 7 足够小，于是我们有 $n=2$（使 $n+5=7$）或 $n=6$（使 $n+1=7$）. 在第 1 种情形下，$2+23=25$ 不是素数，但是第 2 种情形给出素数 $7,11,13,17,19,23,29$. 因此唯一解是 $n=6$.

5.求所有素数 $p$,使 $p^2+2$ 和 $p^2+4$ 也是素数.

**解法 1**　如果 $p=2$,那么 $p^2+2=6$ 和 $p^2+4=8$ 都不是素数.

如果 $p=3$,那么我们得 $p^2+2=11$ 和 $p^2+4=13$ 都是素数.

如果 $p\geqslant 5$,那么对 $k\geqslant 1$,$p$ 是形如 $3k+1$ 或 $3k+2$ 中之一.

在第 1 种情形下,我们得 $p^2+2=(3k+1)^2+2=9k^2+6k+3=3(3k^2+2k+1)$,是合数.在第 2 种情形下,我们有 $p^2+2=(3k+2)^2+2=9k^2+12k+6=3(3k^2+4k+2)$,它不是素数.因此唯一解是 $p=3$.

**解法 2**　在 3 个相继整数 $p-1,p,p+1$ 中,一定有一个是 3 的倍数.从而 $p$ 与 $(p-1)(p+1)=p^2-1$ 中之一是 3 的倍数.因为加上 3 不改变我们是否有 3 的倍数,所以 $p$ 与 $p^2+2$ 中之一一定是 3 的倍数.因为这些数是素数,所以这个倍数一定是 3 本身.如果 $p=3$,那么我们得 $p^2+2=11$ 和 $p^2+4=13$,这些数是素数.因为 $p\geqslant 2$,所以我们有 $p^2+2\geqslant 6$,但我们不能有 $p^2+2=3$.因此唯一解是 $p=3$.

6.求所有素数 $p$,使 $p,p+4,p+24,p^2+10,p^2+34$ 也是素数.

**解法 1**　根据前一问题的经验,我们可以尝试用 5 除来考虑本题.但是它不好计算,事实上,我们需要用 7 除来考虑本题.

如果 $p=2$,那么 $p+4=6$ 不是素数.

如果 $p=3$,那么 $p+24=27$ 不是素数.

如果 $p=5$,那么 $p+4=9$ 不是素数.

如果 $p=7$,那么我们得 $11,31,59,83$,所有数都是素数.

如果 $p>7$,那么对 $k\geqslant 1$,$p$ 是形式 $7k+1,7k+2,7k+3,7k+4,7k+5$ 或 $7k+6$ 之一.在第 1 种情形下,我们有 $p^2+34=(7k+1)^2+34=49k^2+14k+35=7(7k^2+2k+5)$,是合数.在第 2 种情形下,我们得 $p^2+10=(7k+2)^2+10=49k^2+28k+14=7(7k^2+4k+2)$,不是素数.如果 $p=7k+3$,那么 $p+4=7k+7=7(k+1)$,不是素数.如果 $p=7k+5$,那么 $p^2+10=(7k+5)^2+10=49k^2+70k+35=7(7k^2+10k+5)$,它也不是素数.

在最后一种情形下,我们有 $p^2+34=(7k+6)^2+34=49k^2+84k+70=7(7k^2+12k+10)$,它不是素数.因此唯一解是 $p=7$.

**解法 2**　根据我们在前一问题中的经验,我们要看小素数的倍数.素数 5 不能计算,但是素数 7 可以计算.

在 7 个相继整数 $p-2,p-1,p,p+1,p+2,p+3,p+4$ 中,一定有一个是 7 的倍数.从而 $p,(p-1)(p+1)=p^2-1,(p-2)(p+2)=p^2-4,p+3,p+4$ 中之一一定是 7 的倍数.加上 7 的倍数,我们看出 $p,p^2+34,p^2+10,p+24,p+4$ 中之一一定是 7 的倍数.因为这些数都是素数,所以这个倍数一定是 7 本身.需要检验的只有两种情形 $p=3$(于是 $p+4=7$)和 $p=7$.第 1 种情形有 $p+24=27$,不是素数,但是第 2 种情形给出素数 $p+4=11$,$p+24=31,p^2+10=59,p^2+34=83$.因此唯一解是 $p=7$.

7. 证明：对所有 $n \geqslant 0$，整数 $2 \cdot 10^n + 61$ 是合数.

**证**　当 $n=0$ 时，得 $2+61=63=7 \cdot 9$ 是合数. 当 $n=1$ 时，得 $2 \cdot 10+61=81=9 \cdot 9$ 也是合数. 对 $n \geqslant 2$，我们可以把这个整数写成

$$2\underbrace{00\cdots0}_{n\text{个}}+61=2\underbrace{00\cdots0}_{n-2\text{个}}61$$

因为数字之和是 9，所以得出，这个数可被 3 整除，因此它不是素数.

# 2.10　在计算中利用符号

1. 令 $a,b,c$ 是正整数，使 $a+b=5, c=15$. 求 $ac+bc+c$.

**解**　我们有

$$ac+bc+c=(a+b+1)\cdot c=(5+1)\cdot 15=$$
$$6\cdot 15=90$$

2. 令 $a,b,c$ 是正整数，满足

$$ab+ac=bc+c^2$$

和

$$b+c=15$$

求：

(1) $a$ 与 $c$ 之间的关系式.

(2) 和 $a+2b+c$.

(3) 积 $(a^2-b^2)(b^2-c^2)(c^2-a^2)$.

**解**　(1) 我们可以把第 1 个关系式写作 $a(b+c)=c(b+c)$. 因为 $b$ 和 $c$ 是正的，所以两边可以除以 $b+c$，因此 $a=c$.

(2) 我们有 $a+2b+c=2b+2c=2(b+c)=2\cdot 15=30$.

(3) 因为 $a=c$，所以得 $a^2=c^2$，因此积的最后一个因数是 0，即积等于 0.

3. 如果 $a+b=10, a+c=15$，求值：

(1) $2a+b+c$.

(2) $a^2+ab+10c$.

**解**　(1) 我们有

$$2a+b+c=a+a+b+c=(a+b)+(a+c)=10+15=25$$

(2) 我们可以写出

$$a^2+ab+10c=a(a+b)+10c=10a+10c=10(a+c)=$$
$$10\cdot 15=150$$

4. 如果 $b+c=2,2a+b=5$,求值:

(1) $4a+3b+c$.

(2) $4a^2+2ab+6b+c$.

**解** (1) 从关系式 $2a+b=5$,得 $4a+2b=10$. 于是我们可以写出

$$4a+3b+c=(4a+2b)+(b+c)=10+2=12$$

(2) 我们有

$$4a^2+2ab+6b+c=$$
$$a(4a+2b)+6b+c=$$
$$10a+6b+c=$$
$$(10a+5b)+(b+c)=$$
$$5(2a+b)+(b+c)=$$
$$5\cdot5+2=25+2=27$$

5. 令 $a=(\overline{xyzt}+\overline{xyz}-\overline{yzt}-\overline{yz})\div x$,其中 $x,y,z,t$ 是十进制数字. 求 $a$.

**解** 我们有

$$a=(x10^3+y10^2+z10+t+x10^2+y10+z-y10^2-z10-t-y10-z)\div x=$$
$$1\,100x\div x=1\,100$$

6. 求所有整数 $\overline{abcd}$,使其满足以下关系式

$$\overline{abcd}+\overline{bcd}+\overline{cd}+d=3\,102$$

**解** 我们有

$$\overline{abcd}+\overline{bcd}+\overline{cd}+d=a10^3+b10^2+c10+d+b10^2+c10+d+c10+d+d=$$
$$1\,000\cdot a+200\cdot b+30\cdot c+4d$$

则以下关系式成立

$$1\,000\cdot a+200\cdot b+30\cdot c+4d=3\,102$$

$d$ 有两种可能,即 $d=3$ 或 $d=8$,因此我们必须考虑两种情形.

情形 1:$d=3$. 我们得

$$1\,000\cdot a+200\cdot b+30\cdot c=3\,090$$

这个关系式等价于

$$100\cdot a+20\cdot b+3\cdot c=309$$

$c$ 的唯一值是 3. 在这种情形下,这个关系式等价于

$$100\cdot a+20\cdot b=300$$

从而我们得

$$10a+2b=30$$

而 $b$ 有两种可能:$b=0$,得 $a=3$,或 $b=5$,得 $a=2$. 因此我们得出了满足关系式的两个整数:
$3\,033$ 和 $2\,533$.

情形 2:$d=8$.我们得

$$1\ 000 \cdot a + 200 \cdot b + 30 \cdot c = 3\ 070$$

这个关系式等价于

$$100 \cdot a + 20 \cdot b + 3 \cdot c = 307$$

$c$ 的唯一值是 9,得

$$100 \cdot a + 20 \cdot b = 280$$

即

$$10a + 2b = 28$$

此处 $b$ 还有两种可能:$b=4$,得 $a=2$,或 $b=9$,得 $a=1$.

在这种情形下,我们还得出具有这个性质的两个整数:2 498 和 1 998.

7.取小于 100 的任意一个数,乘以 99,把这个结果的数字相加.你能得出什么数?证明:无论你开始取小于 100 的什么数,你总能得到这个结果.

**解**　令开始的数是 $\overline{ab}$.因为

$$99 \cdot \overline{ab} = 100 \cdot \overline{ab} - \overline{ab} = \overline{ab00} - \overline{ab}$$

所以我们考虑两种不同的情形:

情形 1:如果 $b=0$,那么我们的数乘以 99 的结果是

$$\overline{a000} - \overline{a0} = \overline{(a-1)9(10-a)0}$$

在这种情形下,数字之和是 $(a-1)+9+(10-a)+0=18$.

情形 2:如果 $b>0$,那么结果是

$$\overline{ab00} - \overline{ab} = \overline{a(b-1)(9-a)(10-b)}$$

数字之和是 $a+(b-1)+(9-a)+(10-b)=18$.

8.求正整数 $a,b,c$,使

$$ab=144, bc=240, ac=60$$

**解法 1**　我们从已知关系式得

$$(ab)(bc)(ac) = 144 \cdot 240 \cdot 60$$

这个关系式等价于

$$(abc)^2 = 1\ 440^2$$

从而我们得 $abc=1\ 440$.因为 $bc=240$,所以由关系式 $a(bc)=1\ 440$,得 $a=6$.由 $ab=144$ 得 $c=10$,由 $bc=240$ 得 $b=24$.因此满足这些关系式的整数是:$a=6, b=24, c=10$.

**解法 2**　我们从第 2 个和第 3 个方程求出 $b=4a$.当我们利用此式和第 1 个方程时,可求出 $4a^2=144$,即 $a=6$.因此 $b=24, c=10$.

# 2.11 分　　数

1. 求值

$$\left(1-\frac{1}{2}\right)\cdot\left(1-\frac{1}{3}\right)\cdot\left(1-\frac{1}{4}\right)\cdot\cdots\cdot\left(1-\frac{1}{100}\right)$$

**解**　如果对这个积中每一项，我们求出公分母，那么我们求出

$$\left(1-\frac{1}{2}\right)\cdot\left(1-\frac{1}{3}\right)\cdot\cdots\cdot\left(1-\frac{1}{100}\right)=\left(\frac{2-1}{2}\right)\cdot\left(\frac{3-1}{3}\right)\cdot\cdots\cdot\left(\frac{100-1}{100}\right)$$

在化简每个分子时，上式进一步等于

$$\frac{1}{2}\cdot\frac{2}{3}\cdot\cdots\cdot\frac{99}{100}$$

最后可以消去相邻项的分子与分母，得

$$\left(1-\frac{1}{2}\right)\cdot\left(1-\frac{1}{3}\right)\cdot\cdots\cdot\left(1-\frac{1}{100}\right)=\frac{1}{100}$$

2. 证明

$$\frac{1}{7}-\frac{1}{8}+\frac{1}{9}-\frac{1}{10}=\frac{1}{15}-\frac{1}{18}+\frac{1}{24}-\frac{1}{42}$$

**证**　证明这个等式最容易的方法是，注意到

$$\frac{1}{7}+\frac{1}{42}=\frac{6+1}{42}=\frac{1}{6}$$

$$\frac{1}{9}+\frac{1}{18}=\frac{2+1}{18}=\frac{1}{6}$$

$$\frac{1}{8}+\frac{1}{24}=\frac{3+1}{24}=\frac{1}{6}$$

$$\frac{1}{10}+\frac{1}{15}=\frac{3+2}{30}=\frac{1}{6}$$

为了完成证明，我们把原表达式变换如下

$$\left(\frac{1}{7}+\frac{1}{42}\right)+\left(\frac{1}{9}+\frac{1}{18}\right)=\left(\frac{1}{8}+\frac{1}{24}\right)+\left(\frac{1}{10}+\frac{1}{15}\right)$$

应用以上计算把原等式化为

$$\frac{1}{6}+\frac{1}{6}=\frac{1}{6}+\frac{1}{6}$$

这显然是正确的.

3. 求值

$$2-\cfrac{1}{2-\cfrac{1}{2-\cfrac{1}{2-\cdots}}}$$

**解**　称这个表达式的值为 $x$,则

$$x = 2 - \frac{1}{x}$$

我们可以把这个等式变换为

$$x - 2 = -\frac{1}{x}$$

即

$$x^2 - 2x + 1 = 0$$

这等价于 $(x-1)^2 = 0$,因此唯一解是 $x = 1$.

4.证明

$$\frac{\left(\frac{1}{3} + \frac{3}{2}\right)\left(\frac{5}{6} + \frac{6}{5}\right)}{\left(\frac{1}{2} - \frac{4}{9}\right)\left(\frac{1}{5} - \frac{1}{6}\right)} = 2\,013$$

**证**　逐项化简这个分数,我们得

$$\frac{1}{3} + \frac{3}{2} = \frac{11}{6}$$

$$\frac{5}{6} + \frac{6}{5} = \frac{61}{30}$$

$$\frac{1}{2} - \frac{4}{9} = \frac{1}{18}$$

$$\frac{1}{5} - \frac{1}{6} = \frac{1}{30}$$

因此

$$\frac{\left(\frac{1}{3} + \frac{3}{2}\right)\left(\frac{5}{6} + \frac{6}{5}\right)}{\left(\frac{1}{2} - \frac{4}{9}\right)\left(\frac{1}{5} - \frac{1}{6}\right)} = \frac{\frac{11}{6} \cdot \frac{61}{30}}{\frac{1}{18} \cdot \frac{1}{30}} = 11 \cdot 61 \cdot 3 = 2\,013$$

5.求所有的数字对 $(a,b)$,使

$$\frac{\overline{ab}}{\overline{ba}} = 2 - \frac{b}{a}$$

**解**　我们可以把上式改写为

$$\frac{\overline{ab}}{\overline{ba}} - 1 = 1 - \frac{b}{a}$$

或

$$\frac{10a + b}{10b + a} - 1 = 1 - \frac{b}{a}$$

我们可以把两边变换为

$$\frac{10a+b-(10b+a)}{10b+a}=\frac{a-b}{a}$$

即

$$\frac{9(a-b)}{10b+a}=\frac{a-b}{a}$$

由此得出 $a=b$ 或 $9a=10b+a$，即 $4a=5b$，因此答案是以下数对

$$(1,1),(2,2),\cdots,(99);(5,4)$$

## 2.12　第 2 套问题

1. 大于 4 而小于 60 的所有素数之和是多少？

**解**　大于 4 而小于 60 的素数有 15 个：$5,7,11,13,17,19,23,29,31,37,41,43,47,$ $53,59$. 它们之和是 435.

2. 如果 $x$ 和 $y$ 是非零数，使 $x$ 是 $y$ 的 $p\%$，$y$ 是 $x$ 的 $4p\%$. 求 $p$.

**解**　我们有 $x=\dfrac{py}{100},y=\dfrac{4px}{100}$.

把这两个等式相乘，然后除以 $xy$，得 $1=\dfrac{4p^2}{10^4}$. 由此得 $p=50$.

3. 如果 $a$ 是 $b,c,x$ 的平均值，而 $b$ 是 $a,c,y$ 的平均值，证明：$a+b-c$ 是 $x,y$ 的平均值.

**解**　因为 $b+c+x=3a,a+c+y=3b$，把这两个等式相加，我们得 $a+b+2c+x+y=$ $3a+3b$，即 $x+y=2a+2b-2c$，除以 2，得 $\dfrac{x+y}{2}=a+b-c$.

4. 数 $1,2,\cdots,1\,000$ 可被数 4 与 5 中至少一个数整除的百分数是多少？

**解**　已知数列包含可被 4 整除的数有 250 个：$4\cdot1,4\cdot2,\cdots,4\cdot250$，包含可被 5 整除的数有 200 个：$5\cdot1,5\cdot2,\cdots,5\cdot200$. 但是有些数可同时被 4 和 5 整除，算了 2 次. 这些数是 20 的倍数：$20\cdot1,20\cdot2,\cdots,20\cdot50$. 由此可见，在 1 000 个已知数中，至少可被 4 和 5 之一整除的数共有 400 个，因此百分数是 $\dfrac{400}{1\,000}=40\%$.

5. 在教室里有 8 个男孩和 9 个女孩. 男孩的平均年龄是 10 岁 9 个月，女孩的平均年龄是 10 岁 8 个月. 他们老师的年龄恰好超过 52 岁. 则这个教室里所有人的平均年龄是多少？

**解**　所有男孩的年龄之和是 $80+\dfrac{8\cdot9}{12}=86$ 岁，所有女孩的年龄之和是 $90+\dfrac{9\cdot8}{12}=$ 96 岁. 他们的老师是 52 岁，因此我们必须把 $86+96+52$ 除以 18. 结果是 13.

6. Alice 注意到，对她的社会保险数

$$ABC\ DE\ FGHI$$

加法 $\overline{ABC}+\overline{DE}=\overline{FGHI}$ 是正确的. 求不含数字 7 的所有这样的社会保险数, 它的所有数字是不同的, 且 $A,D,F\neq 0$.

**解**　注意 $\overline{ABC}+\overline{DE}$ 至多是 $999+99=1\,098$, 如果 $A\leqslant 8$, 那么它至多是 $899+99=998$. 因为我们不容许首位数字为 0, 所以 $\overline{FGHI}$ 至多是 $1\,000$. 因此我们一定有 $F=1,G=0,A=9$. 剩下的数字 $B,C,D,E,H,I$ 一定是 $2,3,4,5,6,8$ 的某种顺序, $\overline{BC}+\overline{DE}=\overline{1HI}$. 设 $C+E>9$(引起进位), 则有 $C+E=\overline{1I},B+D=\overline{1(H-1)}$. 但是这给出

$$23=8+6+5+4\geqslant B+C+D+E=\overline{1(H-1)}+\overline{1I}\geqslant$$
$$20+2+3-1=24$$

矛盾. 因此我们一定有 $C+E=I,B+D=\overline{1H}$. 于是 $I=5,6$ 或 8. 如果 $I=8$, 那么

$$11=6+5\geqslant B+D=\overline{1H}\geqslant 12$$

矛盾. 如果 $I=6$, 那么 $C$ 和 $E$ 是 2 和 4 的某种顺序, $B,D,H$ 是 $3,5,8$. 得出具有这些值的 $B+D=\overline{1H}$ 的唯一方法是使 $H=3,B$ 和 $C$ 分别是 5 和 8. 这样给出 4 种可能

$$952-84-1\,036$$
$$954-82-1\,036$$
$$982-54-1\,036$$
$$984-52-1\,036$$

如果 $I=5$, 那么 $C$ 和 $E$ 分别是 2 和 3, $B,D,H$ 是 $4,6,8$. 得出 $B+D=\overline{1H}$ 的唯一方法是使 $H=4,B$ 和 $D$ 是 6 或 8. 这样又给出 4 个解

$$962-83-1\,045$$
$$963-82-1\,045$$
$$982-63-1\,045$$
$$983-62-1\,045$$

7. 证明: 数 $3+3^2+\cdots+3^{60}$ 可被 $2^3\cdot 3\cdot 5\cdot 11^2\cdot 13$ 整除.

**证**　显然这个数可被 3 整除.

因为 $3+3^2+3^3=39=3\cdot 13$, 所以把每 3 个数分组来计算这个和的各项, 得出因数 13. 把每 4 个数分组来计算这个和的各项, 证明了这个和可被 $40=2^3\cdot 5$ 整除. 把每 5 个数分组来计算这个和的各项, 得出因数 $121=11^2$. 集中所有这些信息, 我们证明了这个和可被 $2^3\cdot 3\cdot 5\cdot 11^2\cdot 13$ 整除.

8. 求非零数字 $a,b,c,d$, 使四位数 $\overline{abcd},\overline{bcda},\overline{cdab},\overline{dabc}$ 的和具有最大可能的因数的个数.

**解**　1 个数有多少个因数? 如果我们把 1 个数用因数分解来表示, 那么就可以求出答案. 例如 $6\,615=3^3\cdot 5\cdot 7^2$, 任一因数将有形如 $3^a\cdot 5^b\cdot 7^c$ 的因数分解, 其中 $a$ 可取 4 个不同的值 $(0,1,2,3)$, $b$ 可取 2 个不同的值 $(0,1)$, $c$ 可取 3 个不同的值 $(0,1,2)$. 因此 $6\,615$ 有

$(3+1)(1+1)(2+1)$ 个不同的因数. 我们看出,1 个数的因数的个数只依赖于它因数的重复性. 把数 $1\,000a+100b+10c+d,1\,000b+100c+10d+a,1\,000c+100d+10a+b,$ $1\,000d+100a+10b+c$ 相加,我们得

$$1\,111(a+b+c+d)=11 \cdot 101(a+b+c+d)$$

而和 $a+b+c+d$ 可以是 4 到 36(包含) 中的任一数 $n$,因此我们必须知道,对于这样的 $n$, $11 \cdot 101 \cdot n$ 的最大因数的个数. 注意 $11 \cdot 101 \cdot n$ 至多有 $n$ 的因数个数的 4 倍(它恰有 4 倍, 除非 11 或 101 整除 $n$). 于是,我们来看 $n$ 的最大可能因数的个数是多少. 我们可以只通过分析各种情形来做这个计算,但是我们也可以做如下讨论:具有 4 个或更多个不同素因数的最小数是 $2 \cdot 3 \cdot 5 \cdot 7=210$,于是 $n$ 至多有 3 个不同的素因数. 具有 3 个不同素因数的最小数至少是 $2^2 \cdot 3 \cdot 5=60$,其中有 1 个因数是重复的. 因此,如果 $n$ 有 3 个不同的素因数,那么它们有单一因数 $n=p \cdot q \cdot r$,则 $n$ 有 $(1+1)(1+1)(1+1)=8$ 个因数. 如果 $n=p^i q^j$ 只有 2 个不同的因数和多于 8 个因数,那么我们有 $(i+1)(j+1)>8$,于是,$j=1,i \geqslant 4$(或相反),或者 $i,j \geqslant 2$. 在第 1 种情形下,$n$ 至少是 $2^4 \cdot 3=48$,在第 2 种情形下,$n$ 至少是 $2^2 \cdot 3^2=36$. 因此 $n$ 至多有 9 个因数,这仅对 $n=36$ 才发生. 因此 $11 \cdot 101 \cdot n$ 至多有 36 个因数,这仅对 $a=b=c=d=9$ 才发生,使和是 $2^2 \cdot 3^2 \cdot 11 \cdot 101$,它有 $(2+1)(2+1)(1+1)(1+1)=36$ 个因数.

9. 求值

$$100^2-99^2+98^2-97^2+\cdots+2^2-1$$

**解法 1**　利用 $a^2-b^2=(a+b)(a-b)$,得

$100^2-99^2+98^2-97^2+\cdots+2^2-1^2=$

$(100+99)(100-99)+(98+97)(98-97)+\cdots+(2+1)(2-1)=$

$100+99+\cdots+1=\dfrac{100 \cdot 101}{2}=5\,050$

**解法 2**

$199+195+\cdots+7+3=$

$(199+3)+(195+7)+\cdots=$

$25 \cdot 202=5\,050$

10. 证明:对一些正整数 $a,b,c,d,2\,013$ 可以写成 $(a^2-b^2)(c^2+d^2)$.

**证**　$2\,013$ 的素因数分解是 $3 \cdot 11 \cdot 61$.

我们看出 $33=7^2-4^2,61=5^2+6^2$,因此 $2\,013=(7^2-4^2)(5^2+6^2)$.

11. 证明:对一些正整数 $a,b,c,d,2\,015$ 可以写成 $(a^2-b^2)(c^2+d^2)$.

**证**　$2\,015$ 的素因数分解是 $5 \cdot 13 \cdot 31$. 注意到 $5=1^2+2^2,13=2^2+3^2$. 设 $13 \cdot 31=a^2-b^2$,我们可以选择 $a-b=13,a+b=31$,这个方程组的解是 $a=22,b=9$. 所以可得 $2\,015=(22^2-9^2)(1^2+2^2)$. 设 $5 \cdot 31=a^2-b^2$,我们可以选择 $a-b=5,a+b=31$,解得 $a=$

$18, b = 13$, 由此得 $2\ 015 = (18^2 - 13^2)(2^2 + 3^2)$.

## 2.13　有趣的序列

在下列已知对象的序列中,确定最有可能的下一个元素.

1. J F M A.

**解**　这 4 个字母表示前 4 个月英文单词的第 1 个字母:January(一月),February(二月),March(三月),April(四月).因此下一个字母应该是 M,因为它是下一个月五月 May 的首字母.

2. 如图 2.13.1 所示

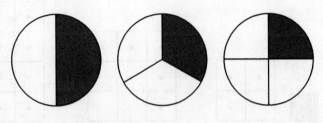

图 2.13.1

**解**　注意到,前 3 个图表示圆面积的 $\frac{1}{2}, \frac{1}{3}, \frac{1}{4}$.因此下一个图应该表示圆面积的 $\frac{1}{5}$,可以从图 2.13.2 中看出.

图 2.13.2

3. W, T, F, S.

**解**　这些字母表示 Wednesday(星期三),Thursday(星期四),Friday(星期五),Saturday(星期六).因此下一个字母也是 S,因为它表示 Sunday(星期日).

4. 61, 52, 63, 94, 46.

**解**　注意到,这些数是 16, 25, 36, 49, 64 的倒写.而它们是数 4, 5, 6, 7, 8 的平方.因此下一个数应是 $9^2 = 81$ 的倒写 18.

5. 如图 2.13.3 所示.

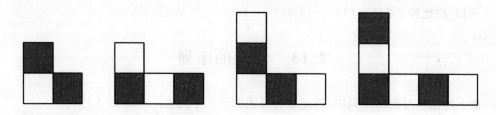

图 2.13.3

**解** 注意,每后一个图把1个正方形加在右边,再把1个正方形加在上边,等等.同时所有正方形的颜色是交错的.因此下一个图应如图 2.13.4 所示.

6.如图 2.13.5 所示.

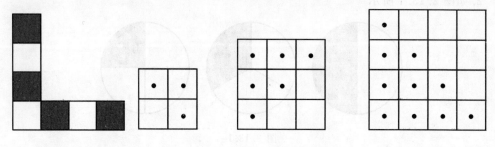

图 2.13.4                     图 2.13.5

**解** 每个图的大小都增加,由2×2增加到3×3,4×4.因此下一个图将是5×5.当这个序列的项的大小增加时,它们也作逆时针方向的旋转,因此下一项如图 2.13.6 所示.

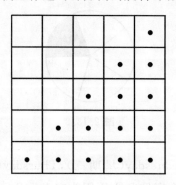

图 2.13.6

7.如图 2.13.7 所示.

图 2.13.7

**解** 如果像图2.13.8那样,我们画1条直线,并除去每个对象的左边一半,那么将得出图2.13.9.

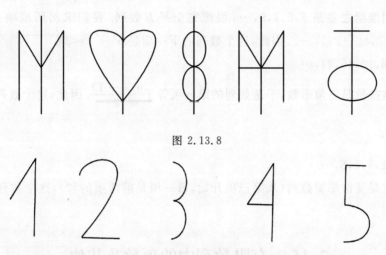

图 2.13.8

图 2.13.9

因此下一个符号是图 2.13.10.

图 2.13.10

## 2.14 数 列

在以下各数列中,求出下一项是多少?

1.1,4,7,10,13,….

**解** 在这个数列中,所有的数具有形式 $3k+1$. 所以下一项是 16.

2.1,2,4,8,16,32,….

**解** 在这个数列中,我们有 2 的幂,即 $2^k$,所以这个数列的下一项是 64.

3.2,3,5,7,11,13,….

**解** 这是素数数列. 下一项是 17.

4.1,3,7,15,31,63,….

**解** 两个相继项之差是 2 的递增幂. 所以这个数列的下一项是 127.

5.2,5,14,41,….

**解** 此数列的每一项是前一项的 3 倍减去 1. 所以我们把它写作 $a_n = 3a_{n-1} - 1$. 因此

这个数列的下一项是 122.

6. $-1,2,7,14,23,\cdots$.

**解** 相继项之差是 $3,5,7,9,\cdots$,很像完全平方数列. 我们求出所给项是 $1^2-2$, $2^2-2,3^2-2,4^2-2,5^2-2$. 因此,这个数列的下一项是 $6^2-2=34$.

7. $1,3,6,10,15,21,\cdots$.

**解** 这些数是三角形数,于是数列的第 $n$ 项等于 $\dfrac{n(n+1)}{2}$. 因此,这个数列的下一项是 $\dfrac{7 \cdot 8}{2}=28$.

8. $1,1,2,3,5,8,\cdots$.

**解** 这是斐波那契数列(从第三项开始,每一项是前两项的和),这个数列的下一项是 13.

## 2.15  有限数列中的项数及其他

1. 在数列
$$7,8,9,\cdots,102,103$$
中有多少项?

**解** 数列
$$1,2,3,4,5,6,7,8,\cdots,102,103$$
有 103 项. 如果我们除去前 6 项,那么得 $103-6=97$ 项.

2. 在数列
$$0,2,4,6,\cdots,886,888$$
中有多少项?

**解** 数列只包含相继偶数,从而我们可以把它写作
$$2 \cdot 0,2 \cdot 1,2 \cdot 2,2 \cdot 3,\cdots,2 \cdot 443,2 \cdot 444$$
因此数列包含 $444+1=445$ 项.

3. 在数列
$$1,2,3,4,5,6,7,6,5,4,3,2,1,2,3,4,\cdots$$
中,求出位于第 1 000 个位置的整数.

**解** 一组数 $1,2,3,4,5,6,7,6,5,4,3,2$ 包含 12 个整数. 因为 $1\,000=83 \cdot 12+4$,所以,在我们的数列中有 83 个这样的完全组加上整数 $1,2,3,4$. 因此,在第 1 000 个位置上的整数是 4.

4. 求出定义数列

$$1 \cdot 2, 2 \cdot 3, 3 \cdot 4, 4 \cdot 5$$

的法则.

**解**　定义这个有限数列的法则是 $k(k+1), k=1,2,3,4$.

5. 在数列

$$1 \cdot 3, 2 \cdot 4, 3 \cdot 5, 4 \cdot 6, \cdots$$

中, 求出位于第 500 个位置的整数.

**解**　定义这个数列的法则是 $k(k+2)$, 其中 $k=1,2,3,\cdots$, 因此在第 500 个位置上, 我们有整数 $500 \cdot 502 = 251\,000$.

6. 求出产生数列

$$0,2,4,6,8,10,12,13,14,16,18,20,21,22$$

中大多数项的简单法则, 哪些项不符合你的法则?

**解**　产生这个数列的法则是 $2k, k=0,1,2,\cdots$. 因此 13,21 是无关的项.

7. 求出产生数列

$$1,4,7,9,10,13,16,18,19,22,25,26,28,29$$

中大多数项的简单法则, 哪些项不符合你的法则?

在本节中, 我们依靠逻辑推理与常识求出支配每个数列的法则, 采用了我们求出的明显的某种形式. 这里举一个例子说明, 在不太平常的情形下将产生什么结果.

**解**　产生这个数列的法则是 $3k+1, k=0,1,2,\cdots$. 这个数列中不符合这个法则的整数是 9,18,26,29.

8. 考虑数列 $1,2,3,4,23,\cdots$. 什么数跟随在 23 后面?（注: 23 是两位作者最喜欢的数字. 当迈克尔·乔丹创造芝加哥公牛队的篮球历史时, 这两位作者曾居住在芝加哥地区.）

**解**　实际上任何情形可以跟着发生!!! 如果我们以

$$a_1, a_2, a_3, a_4, a_5, \cdots, a_n, \cdots$$

表示数列, 设 $a_n = c(n-1)(n-2)(n-3)(n-4)+n$, 那么对某常数 $c$, 将保证 $a_1=1$, $a_2=2, a_3=3, a_4=4$, 则 $a_5=c \cdot 4 \cdot 3 \cdot 2 \cdot 1+5$, 在 $24c=18$, 即在 $c=\dfrac{3}{4}$ 时, $a_5=23$. 利用我们所作的假设, 知

$$a_n = \frac{3}{4}(n-1)(n-2)(n-3)(n-4)+n$$

因此, 第 6 项是 $a_6 = \dfrac{3}{4} \cdot 5 \cdot 4 \cdot 3 \cdot 2+6=96$.

注意, 对符合前 5 项的公式的不同假设将导致不同的第 6 项. 例如

$$a_n = \frac{1}{4}(-3n^5 + 48n^4 - 285n^2 + 780n^2 - 968n + 432)$$

导致 $a_6 = 6$.

# 2.16 相 继 数

1.数 $21,22,23,24$ 是相继数,相加得 $90$.求具有相同和的 $5$ 个相继数.

**解**　令其中最小的数是 $x$,则

$$x+(x+1)+(x+2)+(x+3)+(x+4)=90$$

得 $x=16$.因此所求各数是 $16,17,18,19,20$.

2.把 $450$ 写成以下各相继数之和:

(1)3 个相继整数

(2)4 个相继整数

(3)5 个相继整数

**解**　(1)149,150,151.

(2)111,112,113,114.

(3)88,89,90,91,92.

3.9 个相继奇数之和是 $2\,007$.求这些整数中的最大数.

**解**　我们已知

$$(2x+1)+(2x+3)+(2x+5)+\cdots+(2x+17)=2\,007$$

于是求出 $18x=2\,007-81$,从而 $x=107$,因此 $2x+17=231$ 是正确答案.

4.21 个相继整数之和是 $378$.求这些整数中的最小数.

**解**　建立与上题类似的方程,我们求出 $21x+\dfrac{20 \cdot 21}{2}=378$,因此最小的数是 $x=8$.

5.令 $a,b,c,d$ 是一些相继正整数的平方.证明: $a+b+c+d-5$ 也是完全平方数.

**证**　不失一般性,设 $a<b<c<d$.令 $a=n^2$,则 $b=(n+1)^2,c=(n+2)^2,d=(n+3)^2$.由此得

$$\begin{aligned}
a+b+c+d-5 &= n^2+(n+1)^2+(n+2)^2+(n+3)^2-5=\\
&4n^2+2n+4n+6n+1^2+2^2+3^2-5=\\
&4n^2+12n+9=\\
&(2n+3)^2
\end{aligned}$$

证毕.

6.求所有 $n$,使这 $n$ 个相继整数之和是 $1$ 个素数.

**解**　令 $m,m+1,\cdots,m+n-1$ 是 $n$ 个相继整数.注意,对这些数没有符号的限制(我们可以尝试这个问题只有正整数的形式).则它们之和等于

$$mn+\frac{(n-1)n}{2}=p$$

其中 $p$ 是素数.

显然, $n=1, n=2$ 满足我们的条件,因为 $5=5, 1+2=3$. 如果 $n=2k, k \geqslant 2$,那么 $k(2m+(2k-1))=p$. 于是, $k=p, 2m+2k-1=1$,对任一已知素数 $p$,我们可以取 $m=1-k=1-p$. 因此所有整数 $n=2p$,其中 $p$ 是素数,问题成立.

如果 $n=2k+1, k \geqslant 1$,那么 $(2k+1)(m+k)=p$. 于是 $2k+1=p, m=1-k=1-\dfrac{p-1}{2}$. 因此所有的整数 $n=p$,其中 $p$ 是素数,问题也成立.

## 2.17　第 3 套问题

1. 如果数 $2a+3$ 与 $2b+3$ 相加得 $2\,014$,求数 $3a+2$ 与 $3b+2$ 之和.

**解**　由条件知 $(2a+3)+(2b+3)=2(a+b)+6=2\,014$,从而 $a+b=1\,004$. 因此
$$(3a+2)+(3b+2)=3(a+b)+4=3 \cdot 1\,004+4=3\,016$$

2. 有多少个不同的正整数可整除 $2\,014^2$?

**解**　注意到, $2\,014^2$ 的素因数分解是 $2\,014^2=2^2 \cdot 19^2 \cdot 53^2$. 因此整除 $2\,014^2$ 的不同正整数的个数是
$$(2+1)(2+1)(2+1)=3^3=27$$

3. 矩形面积是 $2\,014$. 如果长增加 $25\%$,宽减少 $20\%$,那么新矩形的面积是多少?

**解**　令 $a$ 与 $b$ 是原矩形的长与宽,则 $a \cdot b=2\,014$. 所以
$$1.25 \cdot a \cdot 0.8 \cdot b=\frac{5}{4} \cdot a \cdot \frac{4}{5} \cdot b=a \cdot b=2\,014$$
即新矩形的面积也是 $2\,014$.

4. 多边形的对角线数是边数的 6 倍. 则多边形有多少个顶点?

**解**　如果多边形的 1 个顶点与 $n-1$ 个顶点联结起来,其中有两条连线不是对角线,而是边,于是每个顶点联结成 $n-3$ 条对角线. 积 $n(n-3)$ 计算了每条对角线两次,因此总共有 $\dfrac{n(n-3)}{2}$ 条对角线. 我们从题目知 $\dfrac{n(n-3)}{2}=6n$. 因为 $n \neq 0$,所以两边可以除以 $n$,再乘以 2,得 $n-3=12$,即 $n=15$.

5. 10 个相继整数之和是 $2\,015$. 求这些整数中的最大数.

**解**　令 $x$ 是这 10 个数中的最小数. 因此,它们之和是
$$x+(x+1)+(x+2)+\cdots+(x+9)=10x+\frac{9 \cdot 10}{2}=10x+45=2\,015$$
得 $x=197$,最大数是 $197+9=206$.

6. 在美国普莱诺市有 $777$ 人参加选举投票,女投票者比男投票者多 $10\%$. 则女投票者有多少人?

**解** 令 $x$ 是男投票者人数,则有 $\dfrac{11x}{10}$ 个女投票者.我们知道

$$x + \frac{11x}{10} = \frac{21x}{10} = 777$$

得 $x = 370$.因此有 $777 - 370 = 407$ 个女投票者.

7.(1)求最大素数 $p$,使 $p^2$ 整除 $95! + 96! + 97!$.

(2)求具有这个性质的第 2 大素数.

**解** (1)注意

$$95! + 96! + 97! =$$
$$95! (1 + 96 + 96 \cdot 97) =$$
$$95! (97 + 96 \cdot 97) =$$
$$95! \cdot 97(1 + 96) = 95! \cdot 97^2$$

我们知道 97 是素数,显然,$97^2$ 整除以上表达式.且大于 97 的任一素数不整除以上表达式.

(2)我们求出 47 整除 47 与 94,从而 $47^2 \mid 95! \cdot 97^2$.任一大于 47 且小于 97 的素数将整除 $95! \cdot 97^2$,但是它的平方却不能整除 $95! \cdot 97^2$.

8.19 个相继整数之和是 209.求这些整数中的最小数.

**解** 令 $x$ 是这 19 个数中的最小数,因此

$$x + (x+1) + \cdots + (x+18) = 19x + 171 = 209$$

得 $x = 2$.

9.令 $a_1, a_2, \cdots, a_{101}$ 是数 $1, 2, \cdots, 101$ 重新排序的数列.证明:数 $(a_1 - 1) \cdot (a_2 - 1) \cdot \cdots \cdot (a_{101} - 1)$ 是偶数.

**证** 各个 $a_i$ 中之一将等于 1,于是 $a_i - 1 = 0$,整个乘积将等于 0,这表示它是偶数.

10.我必须投掷两个骰子多少次才能确保至少两次掷得相同的结果?

**解** 有 $\dbinom{7}{2} = 21$ 次不同的可能投掷结果

$$
\begin{array}{cccccc}
66 & & & & & \\
65 & 55 & & & & \\
64 & 54 & 44 & & & \\
63 & 53 & 43 & 33 & & \\
62 & 52 & 42 & 32 & 22 & \\
61 & 51 & 41 & 31 & 21 & 11
\end{array}
$$

因此,如果我们投两个骰子 22 次,那么由鸽笼原理,我们相信,有两次投掷能得出相同的结果.

11. $5 + 5^2 + \cdots + 5^{2\,010}$ 被 100 除时余数是多少?

**解**　除了 $5^1$ 外, 5 的任一幂的末两位数是 25. 因此 $5 + 5^2 + \cdots + 5^{2\,010}$ 被 100 除时的余数是

$$5 + 25 + 25 + \cdots + 25 = 5 + 25 \cdot 2\,009 = 50\,230$$

的末两位数. 因此余数是 30.

12. 求不同不等边三角形(三角形称为不等边三角形, 如果它的各边有不同长度) 的个数, 使它的边长都是整数, 且最长边的边长是 19.

**解**　令 $a$ 与 $b$ 是其他两边. 我们要求出以下不等式的所有值

$$a + b > 19, 0 < a < b < 19$$

对 $a = 1$, 没有 $b$ 的值满足两个条件. 对 $a = 2$, 只有 $b$ 的 1 个值满足条件, 对 $a = 3$ 有两个值满足条件. 继续到 $a = 9$ 为止, 这时 $b$ 有 8 个值. 由此可算出 $b$ 的解的个数是 $8, 7, \cdots, 1$. 因此总的解的个数是

$$1 + 2 + \cdots + 8 + 8 + 7 + \cdots + 1 = 2 \cdot 36 = 72$$

13. 国际象棋比赛采用循环赛制, 每两名选手恰好只比赛一次. 在一次这样的比赛中, 5 名选手在每人比赛两场后就退出. 如果总共比赛 100 场, 那么开始时的选手人数是多少?

**解**　令比赛结束时的选手人数是 $n$, 令这 5 名选手在他们组中比赛的总场数是 $m$, 则总的比赛场数是

$$\frac{n(n-1)}{2} + 10 - m = 100 \Rightarrow \frac{n(n-1)}{2} = m + 90$$

唯一的正整数解是 $n = 14, m = 1$, 因此比赛开始时的选手人数是 $n + 5 = 19$.

## 2.18　数的数字

1. 为使 8 的最大倍数的所有数字都不同, 则这个倍数是多少?

**解**　显然, 为了得出最大倍数 $\overline{a_1 a_2 \cdots a_{10}}$, 我们一定要利用所有 10 个数字. 注意 $\overline{a_1 a_2 \cdots a_7 000}$ 可被 8 整除. 为了给出最大倍数, 我们指定 $\overline{a_1 a_2 \cdots a_7} = 9\,876\,543$. 最后三位数字是 2, 1, 0, 它们组成的数一定可被 8 整除. 注意 $a_8 \neq 2$, 因为 210 与 201 都不可被 8 整除. 因此 $a_8 = 1, a_9 = 2, a_{10} = 0$, 由此得出 9 876 543 120 是所有数字都不同的 8 的最大倍数.

2. 为使 18 的最大倍数的数字为从 2 到 8, 每个数字至多用 1 次, 则这个倍数是多少?

**解**　对于可被 18 整除的数, 它一定可被 9 整除, 于是所有数字之和也必须可被 9 整除. 如果我们尝试任一七位数由从 2 到 8 的数字组成, 那么它们的数字之和是 35, 它不可被 9 整除. 如果我们尝试任一六位数包含 8, 那么它们的数字之和是从 $35 - 7$ 到 $35 - 2$, 其中没有一数可被 9 整除. 其次, 我们尝试一些六位数不包含数字 8, 算出其中的最大数是

765 432,因为它可被 9 与 2 二者整除,因此可被 18 整除.

3.求 36 的最小倍数,使它只包含数字 4 和 5.

**解** 因为我们的数可被 36 整除,所以数字之和一定可被 9 整除,末两位数一定组成可被 4 整除的数.我们的数的数字相加不能得出 9,否则只有两个可能的数 45 与 54,矛盾.于是,数字之和至少是 18,在这种情形下,我们有两个 4s 和两个 5s 可以利用.要求末两位数字必须可被 4 整除,于是它们一定是 44.因此只包含数 4 和 5 的 36 的最小倍数是 5 544.

4.写出 1 个最大的数,使它没有重复数字,且没有两个相邻数字相差 1.

**解** 答案是 9 758 642 031.

5.吉米看 1 个三位数与它的反序数,然后他把这两个数相加,和是 1 110,则原数中间的数字是什么?

**解** 如果原数是 $\overline{abc}$,那么

$$1\ 110 = \overline{abc} + \overline{cba} = (100a + 10b + c) + (100c + 10b + a) =$$
$$101(a + c) + 20b$$

于是 $101(a+c) = 1\ 110 - 20b$ 可被 10 整除,因此 $a+c$ 可被 10 整除.因为 $a$ 与 $c$ 是数字,$0 < a + c < 20$,所以 $a + c = 10$.由此得 $1\ 010 = 1\ 110 - 20b$,因此 $b = 5$.

6.令 $N$ 是 100 位数,使它除了 1 个数字外,其余数字都是 5,那么 $N$ 是完全平方数吗?

**解** 设 $N$ 是完全平方数.注意到,$k^2$ 被 9 除时的余数与 $(k+9)^2$ 被 9 除时的余数相同.于是我们可以迅速求出这个平方数被 9 除时的所有余数,它们是 0,1,4,7.因此 $N$ 的数字是 0,1,4,7 或 9,但不含 5.

如果 $N$ 的末位数字是 5,那么 $N$ 可被 5 整除,$N$ 是平方数,一定是 25 的倍数.但是 25 的奇倍数的末两位数字一定是 25(这是以上讨论所不容许的)或 75.于是,$N$ 的末三位数字有 6 种可能性:550,551,554,557,559,575.$N$ 的末三位数字确定了 $N$ 被 8 除时的余数.因此在这些情形下,$N$ 被 8 除时的余数分别是 6,7,2,5,7,7.但是如上所述,我们可以检验,这个完全平方数被 8 除时的余数一定是 0,1 或 4.因此 $N$ 不能是完全平方数.

7.$N$ 是六位数,它的数字和为 37.$N+1$ 的数字和为 2.求 $N$.

**解** 末位数字一定是 9,否则 $N+1$ 的数字之和不能是 2.用相同的方法我们可以证明 $N$ 的末四位数字都是 9.因此我们断定 $N = 109\ 999$.

8.我们用数字 $a,b,c$ 组成数 $\overline{abc}$,$\overline{bca}$,$\overline{cab}$.如果这些数之和为 1 332,求 $a+b+c$.

**解** 如果我们把这些数相加,那么得

$$\overline{abc} + \overline{bca} + \overline{cab} = 100a + 10b + c + 100b + 10c + a + 100c + 10a + b =$$
$$111(a + b + c)$$

由 $111(a+b+c) = 1\ 332$ 断定 $a+b+c = 12$.

9.求最小的整数 $n$,使得不管我们怎样把 $10^n$ 写成两个整数 $a$ 与 $b$ 之积,$a$ 与 $b$ 中至少

有一数包含数字 0.

**解**　我们写出 $10^n = 2^n \cdot 5^n$,因为这个分解只有 1 个因数不含 0.所有其他的分解包含可被 10 整除的数,至少有 1 个数字 0.于是,我们必须求出最小的 $n$,使得在它的数字表示式中 $2^n$ 或 $5^n$ 要包含 0.对 $n = 1, \cdots, 8$,我们有

$$2^n : 2, 4, 8, 16, 32, 64, 128, 256$$
$$5^n : 5, 25, 125, 625, 3\ 125, 15\ 625, 78\ 125, 390\ 625$$

因此答案是 $n = 8$.

10. 求所有的四位数 $n$,使它的数字之和等于 $2\ 010 - n$.

**解**　令 $\overline{ABCD}$ 是这个四位数,则

$$\overline{ABCD} + A + B + C + D = 2\ 010$$

给出 $1\ 001A + 101B + 11C + 2D = 2\ 010$.注意 $A$ 只可以是 1 或 2.

对于 $A = 1, 101B + 11C + 2D = 1\ 009$,使 $B = 9$.由此得 $11C + 2D = 100$,于是 $C = 8$, $D = 6$.对于 $A = 2, 101B + 11C + 2D = 8$,从而 $B = C = 0, D = 4$.

综上,$n = 1\ 986$ 和 $n = 2\ 004$ 是解.它们都满足本题的条件.

11. 当 $a, b, c$ 都是不同的数字时,三位数 $\overline{abc}, \overline{bca}, \overline{cab}$ 的最大公因数是多少?

**解**　这 3 个数的任一因数一定也整除它们的和,则

$$\overline{abc} + \overline{bca} + \overline{cab} = 111(a + b + c) = 3 \cdot 37(a + b + c)$$

因为要求这些数字都不同,所以 $d$ 不可被 111 整除,于是我们可以从这个观点尝试两种不同情形:一个是 $d = 37k$,另一个是 $d = 3k$.这成了复杂的计算问题,而解决本题的一个很好的候选方案是用计算机穷举法进行搜索.

以下是数学软件程序,它可以在零点几秒内完成.

```
for d = 1 : 999                              % try for all d < 1000
  for a = 1 : 9                              % try all digits a > 0
    for b = 1 : 9                            % try all digits b > 0
      for c = 1 : 9                          % try all digits c > 0
        if ((a - b) * (b - c) * (c - a) ~= 0)    % but make sure a, b, and c are distinct
          x = 100 * a + 10 * b + c;          % compute the first number
          y = 100 * b + 10 * c + a;          % compute the second number
          z = 100 * c + 10 * a + b;          % compute the third number
          if ((x/d == round(x/d)) & (y/d == round(y/d)) & (z/d == round(z/d)))
            display([d x y z])               % display their values if d | x, y, and z
```

当 $a, b, c$ 都不同时,可以整除 3 个数 $\overline{abc}, \overline{bca}, \overline{cab}$ 的最大 $d$ 是 54,这 3 个数是 486, 864, 648.

## 2.19　比　　例

1.你需要 5 磅面粉来做 10 磅生面团.那么做 1 磅生面团需要多少磅面粉?

**解**　本题的比例是 $\dfrac{5\,磅面粉}{10\,磅生面团}$.我们需要做 1 磅生面团,因此我们需要 $\dfrac{5}{10}=\dfrac{1}{2}$ 磅面粉.

2.在马达加斯加的旅游地图上,比例尺指出 3 英寸表示 125 英里.在这张地图上,两个海滩相距 6 英寸,则这两个海滩实际距离多少英里?

**解**　我们需要解下面的比例式 $\dfrac{3}{125}=\dfrac{6}{x}$.交叉相乘,我们得 $x=\dfrac{125\cdot 6}{3}=250$(英里).因此这两个海滩相距 250 英里.

3.如果每天工作 8 小时,那么 30 个工人可以在 12 天可完成一项工程.如果这项工程必须在 10 天内由 24 个工人去完成,那么每天将工作多少小时?

**解**　做这项工程的小时数是 $30\cdot 12\cdot 8=2\,880$.在第 2 种情形下,我们令 $x$ 是每天工作的小时数,由此得 $24\cdot 10\cdot x=2\,880$ 或 $x=\dfrac{2\,880}{240}=12$.因此 24 个工人每天工作 12 小时可以在 10 天内完成这项工程.

4.为了确定山林中鹿的数量,山林护林员给 270 只鹿作上了记号,再把它们放回山林.后来捕到 500 只鹿,其中 45 只鹿有记号.请估计这片山林有多少只鹿.

**解法 1**　有利用比率法.在 500 只鹿中有 45 只有记号,约占 9%.因此为了估计鹿的数量,我们认为 270 只鹿是全部鹿的数量的 9%,由此得出总共有 3 000 只鹿.

**解法 2**　建立比例如下:$\dfrac{500}{45}=\dfrac{x}{270}$,交叉相乘后得出相同的答案 3 000.

5.令 $A$ 与 $B$ 是两个城市,相距 100 英里.约翰从 $A$ 走到 $B$,尼克从 $B$ 走到 $A$,他们的速度(不一定是固定的)之比为 3:1.当尼克遇到约翰时,距离 $B$ 多少英里?

**解**　注意,在本题中没有提及速度,但解答本题,我们不需要知道速度.他们的速度之比足够我们解题.因为对尼克走的任何距离(对他们二人,时间是固定的)$x$,速度有固定的比,所以约翰将走 $3x$ 距离.因此在他们相遇时,我们有 $x+3x=100$,$x=25$.无论他们沿这条道路走的速度如何,答案都是,他们在尼克离开 $B$ 25 英里的地点相遇.

6.兔子与狼赛跑.兔子跑 3 步的距离等于狼跑 4 步的距离.当兔子每跑 6 步时,狼跑了 5 步.求它们的速度之比.

**解**　令 $h$ 是兔子跑 1 步的距离,$j$ 是狼跑 1 步的距离,则从题目我们知道 $3h=4j$,$j=\dfrac{3}{4}h$.兔子跑 6 步的距离是 $6h$,狼跑 5 步的距离是 $5j=5\cdot\dfrac{3}{4}h=\dfrac{15}{4}h$.因为它们在相同时

间内跑了这个距离,所以它们的速度之比正好是它们跑过的距离之比,因此

$$\frac{v_h}{v_j} = \frac{6}{\frac{15}{4}} = \frac{8}{5}$$

7. 大学里学科学与学艺术的学生数之比为 4∶3. 如果 14 名学科学的学生变为学艺术的学生,那么这个比为 1∶1. 求学科学的学生与学艺术的学生的总人数.

**解**　令 $x$ 是学科学的学生数,$y$ 是学艺术的学生数,则由题目知

$$\frac{x}{y} = \frac{4}{3}$$

和

$$\frac{x-14}{y+14} = 1$$

我们从第 2 个关系式看出 $x-14 = y+14$,$x = y+28$. 如果我们把这个结果应用在第 1 个关系式中,那么得 $\frac{y+28}{y} = \frac{4}{3}$,$4y = 3y+84$,解得 $y = 84$,于是我们得 $x = 112$. 因此学生总数是 $x+y = 112+84 = 196$.

8. 钻石的价格与它的重量平方成比例. 把 1 块钻石打碎成 3 块,使它们的重量之比为 3∶2∶5. 如果原来钻石价值 20 000 美元,求因打碎它而受到的损失.

**解**　令原来钻石的重量为 $x$,则较小的钻石的重量为 $\frac{3}{10}x$,$\frac{2}{10}x$,$\frac{5}{10}x$. 令 $u,v,w$ 是 3 块较小钻石的价格. 由已知比例我们看出

$$\frac{20\ 000}{x^2} = \frac{u}{\left(\frac{3}{10}x\right)^2} = \frac{v}{\left(\frac{2}{10}x\right)^2} = \frac{w}{\left(\frac{5}{10}x\right)^2}$$

或

$$\frac{20\ 000}{x^2} = \frac{100u}{9x^2} = \frac{100v}{4x^2} = \frac{100w}{25x^2}$$

这可以化简为 $200 = \frac{u}{9} = \frac{v}{4} = \frac{w}{25}$.

由此得出 $u = 1\ 800$,$v = 800$,$w = 5\ 000$,总价值

$$u+v+w = 1\ 800+800+5\ 000 = 7\ 600$$

因此损失是 $20\ 000-7\ 600 = 12\ 400$.

9. 我的奶奶做最美味食品的方法是把 15 小匙蜂蜜与 6 杯面粉混合. 如果我只有 10 小匙蜂蜜,那么我将用多少杯面粉?

**解**　为解答本题,我们建立比例,其中 $x$ 表示未知的面粉杯数

$$\frac{15}{6} = \frac{10}{x}$$

交叉相乘,我们得

$$x = \frac{10 \cdot 6}{15} = 4$$

因此,对这些蜂蜜,我需要 4 杯面粉.

10. 爱丽丝的埃菲尔铁塔模型比鲍勃的胡夫金字塔模型高 5 厘米. 鲍勃模型的影子比爱丽丝模型的影子短 3 厘米. 如果埃菲尔铁塔模型高 120 厘米,那么胡夫金字塔影子的长度是多少?

**解** 如果胡夫金字塔模型的影子长度用 $x$ 表示,那么比例是

$$\frac{120}{120-5} = \frac{x+3}{x}$$

由交叉相乘,我们得

$$120x = (120-5)(x+3)$$

即

$$120x = 115x + 345$$

由此得

$$5x = 345$$

因此 $x = 69$ 厘米.

11. 乔的家人点了一个 6 片比萨饼作为晚餐. 如果他吃了 1 片半,那么他吃比萨的比例是多少?

**解** 如果我们用 $x$ 表示乔吃比萨饼的比例,那么我们有

$$x = \frac{1\frac{1}{2}}{6} = \frac{\frac{3}{2}}{\frac{6}{1}} = \frac{3}{12} = \frac{1}{4}$$

## 2.20 平 均 值

1. 一个房间里 5 个人的平均年龄是 30 岁. 1 个 18 岁的人离开了房间. 则剩下 4 个人的平均年龄是多少?

**解** 开始时,房间里 5 个人的年龄之和是 $5 \cdot 30 = 150$. 在 18 岁的人离开后,剩下 4 人的年龄之和是 $150 - 18 = 132$. 因此剩下 4 人的平均年龄是 $\frac{132}{4} = 33$ 岁.

2. 一个房间里 10 个人的平均年龄是 40 岁,已知其中有一名 13 岁的少年,则其余 9 人的平均年龄比这名少年多几岁?

**解** 13 岁比 40 岁年轻 27 岁,于是剩下 9 人的平均年龄比 40 岁老 $\frac{27}{9} = 3$ 岁. 因此剩下

9 人的平均年龄比这名少年多 43 − 13 = 30 岁.

3. 表格中 5 个数的平均值是 54. 前两个数的平均值是 48. 最后 3 个数的平均值是多少?

**解**　所有 5 个数之和是 5·54 = 270. 前两个数之和是 2·48 = 96, 因此最后 3 个数之和是 270 − 96 = 174. 所以最后 3 个数的平均值是 $\frac{174}{3}$ = 58.

4. 6 个数的平均值是 20, 如果我们除去其中一数, 剩下各数的平均值是 15, 那么除去的数是多少?

**解**　前 6 个数之和是 6·20 = 120. 剩下 5 个数之和是 5·15 = 75. 因此除去的数是 120 − 75 = 45.

5. 一个 25 人的班级参加了一场科学考试, 10 名学生的平均分为 80 分, 其余学生的平均分是 60 分, 则全班的平均分是多少?

**解**　这 10 名学生得到的总分是 10·80 = 800 分, 另外 15 名学生得到的总分是 15·60 = 900 分. 于是所有人得到的总分是 800 + 900 = 1 700 分, 因此平均分是 $\frac{1\,700}{25}$ = 68.

6. 约翰以速度 50 英里/小时驾车 3 小时, 以速度 60 英里/小时驾车 2 小时, 则整个旅程的平均速度是多少? (提示: 距离公式是: 距离 = 速度·时间.)

**解**　我们将利用这个提示来解答本题. 在前 3 个小时中, 约翰行了 3·50 = 150 英里, 在后 2 个小时中, 他行驶了 2·60 = 120 英里. 在 5 小时中行驶的总距离是 150 + 120 = 270 英里. 所以整个旅程的平均速度是 $\frac{270}{5}$ = 54 英里/小时.

7. 卡罗尔 3 次考试分别得 84, 90, 86 分. 在这学期中还有 1 次考试, 她想在班级中得 A, 这意味着她的平均成绩必须在 90 或 90 分以上. 所有 4 次考试得分都是总分的 $\frac{1}{4}$. 为了在班级中得 A, 卡罗尔第 4 次考试必须得多少分?

**解**　平均分 90 将保证卡罗尔在班级中得 A.

为了在 4 次考试中得 90 分的平均分, 她必须在 4 次考试中累积总分为 4·90 = 360 分. 现在她正好有 84 + 90 + 86 = 260 分. 因此为了在班级中拿到 A, 她必须在最后的考试中得 360 − 260 = 100 分.

8. 史密斯夫妇 4 年前的平均年龄是 28 岁. 如果史密斯夫妇与他们儿子现在的平均年龄是 22 岁, 则他们儿子的年龄是多少?

**解**　4 年前史密斯夫妇的平均年龄是 28 岁, 于是他们现在的平均年龄是 32 岁, 2 人年龄之和是 2·32 = 64 岁. 现在他们与儿子的年龄是 3·22 = 66 岁, 因此他们儿子的年龄是 66 − 64 = 2 岁.

9. 前 50 个正整数的平均值是多少?

**解**　前 50 个正整数之和是

$$1+2+3+\cdots+50=\frac{50\cdot51}{2}=1\ 275$$

因此它们的平均值是 $\frac{1\ 275}{50}=25.5$.

10. 3 件重物 $A,B,C$ 的平均重量是 45 磅. $A$ 与 $B$ 的平均重量是 40 磅, $B$ 与 $C$ 的平均重量是 43 磅,则 $B$ 的重量是多少?

**解**　3 件重物的重量之和 $A+B+C=3\cdot45=135$. 两件重物的重量之和 $A+B=2\cdot40=80$, $B+C=2\cdot43=86$. 因此 $B$ 的重量是 $(A+B)+(B+C)-(A+B+C)=80+86-135=31$ 磅.

11. 如果 3 个不同正整数的平均值是 70,那么三数之一的最大可能值是多少?

**解**　三数之和等于 210. 注意,另外两个数可以是 1 或 2. 因此第 3 个数的最大值是 207. 显然没有算出 208,因为它要求另一个数是 0,或者两个数相等. 同理,对 209 和 210 也没有算出.

# 2.21　百　分　数

1. 里奇市 1 个汉堡包重 120 克,其中 30 克是馅,则汉堡包百分之几的材料不是馅?

**解**　因为 120 克中有 30 克是馅,所以 1 个汉堡包的 $\frac{30}{120}=\frac{1}{4}=25\%$ 是馅. 因此 1 个汉堡包的 $100\%-25\%=75\%$ 不是馅.

2. 1 个数的 20% 是 12,则这个数的 30% 是多少?

**解**　如果这个数的 20% 是 12,那么这个数一定是 60. 因此 60 的 30% 是 $0.30\cdot60=18$.

3. 1985 年,长途电话的平均费用是每分钟 41 美分,2005 年,长途电话的平均费用是每分钟 7 美分. 求长途电话的平均费用减少的近似百分数.

**解**　价格之差是 $41-7=34$ 美分,因此百分数减少 $100\cdot\frac{34}{41}\approx83\%$.

4. 在篮球比赛中,Sally 投了 20 次球,命中率为 55%. 在她又投了 5 次之后,她的命中率提高到了 56%. 则她最后 5 次投中了多少个球?

**解**　如果她投了 20 次球命中率为 55%,那么就投中了 $0.55\cdot20=11$ 次. 如果她投了 25 次球投中了 56%,那么就投中了 $0.56\cdot25=14$ 次. 因此她最后投 5 个球投中了 3 个.

5. 运动员的目标心率是理论最大心率的 80%. 最大心率是用 220 减去运动员的年龄求出的. 为了最接近 1 个整数,26 岁的运动员的目标心率是多少?

**解**　26 岁运动员的目标心率是 $0.8\cdot(220-26)=155.2$ 次 / 分钟. 最接近的整数

是 155.

6. 一位收藏家提出以面值的 $2\,000\%$ 购买州政府的 25 美分硬币. 以这样的比率, 布莱顿对他指定的 4 个州的 25 美分硬币可以获得多少钱?

**解**　$2\,000\% = 20.00$, 所以 25 美分硬币的价值是面值的 20 倍. 因此总价值是 $20 \cdot 4 \cdot 0.25$ 美元 $= 20$ 美元.

7. 卢的精制鞋店的生意有点清淡, 于是卢决定大拍卖. 在星期五, 他就把星期四的所有价格提高 $10\%$. 在周末, 他作出拍卖广告:"价目单上的价格打九折, 从下星期一开始." 已知星期四的售价是 40 美元, 问下星期一 1 双鞋的价格减少了多少美元?

**解**　因星期四的售价 40 美元提高了 $10\%$(或 4 美元), 所以星期五一双鞋的价格为 44 美元. 于是 44 美元的 $10\%$ 被减掉(或 4.40 美元), 因此下星期一的售价是 $44 - 4.40 = 39.60$ 美元.

8. 伯格曼维尔市的销售税是 $6\%$. 在此地出售外衣的一场促销活动中, 1 件外衣在原价 90.00 美元的基础上打了 $20\%$ 的折扣. 两名职工杰克与吉米各自计算账单. 杰克付了 90.00 美元加上 $6\%$ 的销售锐, 然后减去价格的 $20\%$. 吉米首先减去价格的 $20\%$, 然后加上折扣价格的 $6\%$. 则杰克的总金额小于吉米的多少美元?

**解**　将 $6\%$ 的销售税加到物品价格上, 就是将价格乘以了 1.06. 为了计算 $20\%$ 的折扣, 要把价格乘以 0.8. 因为两次运算只要求乘法, 而乘法是可交换的, 所以运算顺序是无关紧要的, 因此杰克与吉米将得出相同的总金额 76.32 美元.

9. Antoinette 在 10 题考试中答对了 $70\%$, 在 20 题考试中答对了 $80\%$, 在 30 题考试中答对了 $90\%$. 如果 3 次考试联合组成 1 次 60 题考试, 那么最接近他总得分的是答对百分之几?

**解**　注意, 10 的 $70\%$ 是 7, 20 的 $80\%$ 是 16, 30 的 $90\%$ 是 27. Aotoinette 在 60 题考试中答对 $7 + 16 + 27 = 50$ 题. 所以她的总得分是答对 $\frac{50}{60} \approx 83.3\%$.

10. 中学生在游戏中得胜次数与失败次数之比(无平局)为 $\frac{11}{4}$. 对最接近的总百分数, 一队失败次数占百分之几?

**解**　$\frac{胜}{败}$ 之比是 $\frac{11}{4}$, 于是对某数 $N$, 一队胜 $11N$ 局, 败 $4N$ 局. 因此一队玩 $15N$ 局游戏, 失败的百分数是 $\frac{4N}{15N} \approx 27\%$.

11. 商家以 $30\%$ 的折扣出售一批商品. 后来, 商家在原价的基础上降价 $20\%$, 并声称这些商品的最终价格是原价的 $50\%$. 则实际的总折扣是多少?

**解**　第 1 次折扣表示顾客要付出原价的 $70\%$. 第 2 次折扣表示用折扣后价格的 $80\%$ 卖出. 因为 $0.80 \cdot 0.70 = 56\%$, 所以顾客要付出原价的 $56\%$, 于是得到了 $44\%$ 的折扣.

12. Tori 的数学测试有 75 道题:10 道算术题,30 道代数题,35 道几何题.虽然她答对算术题的 70%,答对代数题的 40%,答对几何题的 60%,但是仍不及格,因为她答对的问题少于 60%.为获得 60% 的及格标准,她需要答对多少个问题?

**解** 因为 $70\% \cdot 10 + 40\% \cdot 30 + 60\% \cdot 35 = 7 + 12 + 21 = 40$,所以她答对了 40 个问题.但她需要答对 $60\% \cdot 75 = 45$ 题才能及格,因此她还要答对 5 题.

13. 30 升颜料的混合物是 25% 的红色颜料,30% 的黄色颜料和 45% 的水.把 5 升黄色颜料加入原混合物中.则黄色颜料在新混合物中的百分数是多少?

**解** 在原 30 升混合物中有 $0.30 \cdot 30 = 9$ 升黄色颜料.在加入 5 升黄色颜料后,在 35 升新混合物中有 14 升黄色颜料.所以,在新混合物中,黄色颜料的百分数是 $100 \cdot \dfrac{14}{35}$ 或 40%.

14. 一家公司出售三种不同尺寸的洗涤剂:小号(S),中号(M)和大号(L).中号比小号贵 50%,含量比大号少 20%.大号洗涤剂的含量是小号的 2 倍,价格比中号的贵 30%.列出 3 个尺寸的洗涤剂从好卖到难卖的次序.

**解** 在本题中,尺寸与价格都不重要,于是为了方便起见,设小号的售价为 1 美元,重量为 10 盎司,为确定相对价格,我们比较每单位重量的售价.

小号:$\dfrac{1.00\ \text{美元}}{10} = 10$ 美分 / 盎司.

中号:$\dfrac{1.50\ \text{美元}}{0.8 \cdot 20} = 9.375$ 美分 / 盎司.

大号:$\dfrac{1.3 \cdot 1.5\ \text{美元}}{20} = 9.75$ 美分 / 盎司.

因此从好卖到难卖的价格次序是:中号,大号,小号.

15. Miki 有一打大小相同的橙子和一打同样大小的梨子.他可以从 3 个梨子榨出 8 盎司梨汁,从两个橙子榨出 8 盎司橙汁.他从相同个数的梨子与橙子榨出混合汁.则梨汁占混合汁的百分之几?

**解** 为方便起见,我们利用 6 个梨子榨出 16 盎司梨汁,6 个橙子榨出 24 盎司橙汁,共得出 40 盎司混合汁.则梨汁所占的百分数是 $\dfrac{16}{40} = \dfrac{4}{10} = 40\%$.

## 2.22　第 4 套问题

1. 在一次清盘拍卖中,简买了一件比原价便宜 65% 的东西.第二天,那件商品又在原价的基础上打了七折,如果简再等一天,她会多省下 18 美元,则这件商品的原价是多少?

**解**　我们看出,原价格的 5% 是 18 美元,因此原价格是 $20 \cdot 18$ 美元 $= 360$ 美元.

2.求值:$1+2-3+4+5-6+\cdots+109+110-111$.

**解**　将 3 个数为 1 组,则原式等于

$$0+3+\cdots+108=3 \cdot (0+1+\cdots+36)=3 \cdot \frac{36 \cdot 37}{2}=1\,998$$

3.下表中:

```
0
1   2   3
4   5   6   7   8
9   10  11  12  13  14  15
··· ··· ··· ··· ··· ··· ···
```

在 2 014 正下方的数是多少?

**解**　我们讨论每行第 1 个数的平方.因为 $44^2 < 2\,014 < 45^2$,所以我们知道 2 014 在第 45 行,它以 $44^2=1\,936$ 开始.我们知道 2 014 是这一行第 79 个数(因为 $2\,014-1\,936+1=79$),所以 2 014 正下方的数是这一行第 79 个数,它从 $45^2$ 开始,因此它是

$$45^2+79-1=2\,103$$

4.一台数字电视机的原价是 2 500 美元.在连续两次以相同的折扣降价后,它现在的售价是 2 025 美元.如果这台电视机第 3 次以相同的百分数降价,那么它的新价格是多少?

**解**　$2\,025=x^2 \cdot 2\,500 \Rightarrow x=0.9=90\%$.则新价格将是 $x \cdot 2025=1\,822.5$ 美元.

5.考虑数列

$$99 \cdot 0.9, 999 \cdot 0.9, \cdots, 99\cdots9 \cdot 0.9$$

最后 1 个数有 101 个 9.证明:它们的平均值(算术平均值)是数 $99\cdots9$,包含 99 个 9.

**证**　我们首先要算出有多少个数在这个数列中.第 1 项是两位数乘以 0.9,最后 1 项是 101 位数乘以 0.9.因此这个数列有 100 项.它们的平均值是

$$\frac{0.9 \cdot (99+999+\cdots+99\cdots9)}{100}=$$

$$\frac{0.9 \cdot (10^2-1+10^3-1+\cdots+10^{101}-1)}{100}=$$

$$\frac{0.9 \cdot (\overbrace{11\cdots100}^{100}-100)}{100}=$$

$$0.9 \cdot (\overbrace{11\cdots1}^{100}-1)=\underbrace{99\cdots9}_{99}$$

6.如果 $a$ 是 $b$ 的 $p\%$,$b$ 是 $c$ 的 $q\%$,$c$ 是 $a$ 的 $(4x)\%$,用 $p$ 与 $q$ 求出 $x$.在特殊情形下,当

$p=25,q=80$ 时,求出 $x$.

**解**　$a=\dfrac{p}{100}b,b=\dfrac{q}{100}c,c=\dfrac{4x}{100}a.$ 如果我们把这 3 个方程相乘,得

$$abc=abc\,\frac{4pqx}{100^3}\Rightarrow 4pqx=100^3\Rightarrow x=\frac{100^3}{4pq}$$

在特殊情形下,当 $p=25,q=80$ 时,我们得 $x=125$.

7. 求值

$$\left(1+\frac{2}{3}\right)\cdot\left(1+\frac{2}{4}\right)\cdot\left(1+\frac{2}{5}\right)\cdot\cdots\cdot\left(1+\frac{2}{99}\right)$$

**解**

$$\left(1+\frac{2}{3}\right)\cdot\left(1+\frac{2}{4}\right)\cdot\left(1+\frac{2}{5}\right)\cdot\cdots\cdot\left(1+\frac{2}{99}\right)=$$

$$\frac{5}{3}\cdot\frac{6}{4}\cdot\frac{7}{5}\cdot\cdots\cdot\frac{101}{99}=$$

$$\frac{100\cdot101}{3\cdot4}=\frac{2\,525}{3}$$

8. 考虑 $n$ 个不同的正整数,它们的平均值(算术平均值)小于 $n$. 证明:在考虑的 $n$ 个数中至少有两个相继整数.

**证**　这是用反证法证明的一个极好的例子. 用 $a_1,a_2,\cdots,a_n$ 表示 $n$ 个数,它们是不同的正整数. 与本题陈述相反,设在其中没有两个相继数,不失一般性,设 $a_1<a_2<\cdots<a_n$. 我们可记

$$\frac{a_1+a_2+\cdots+a_n}{n}\geqslant\frac{a_1+a_1+2+\cdots+a_1+2(n-1)}{n}=$$

$$\frac{na_1+2\cdot(1+2+\cdots+n-1)}{n}=$$

$$a_1+\frac{2\dfrac{(n-1)n}{2}}{n}=$$

$$a_1+n-1\geqslant n$$

这与本题已知条件矛盾. 因此我们关于在 $a_1,a_2,\cdots,a_n$ 中没有相继数的假设不正确,证毕.

9. 在小于 $1\,000$ 的正整数中,有多少个正整数至少包含数字 $7,8,9$ 之一?

**解**　总共有 $999$ 个正整数小于 $1\,000$. 其中有 $7^3-1$ 个数不含数字 $7,8$ 或 $9$. 所以答案是

$$(10^3-1)-(7^3-1)=10^3-7^3=657$$

10. 证明:对某些正整数 $a,b,c,d$,数 $2\,014$ 可以写成 $(a^2+b^2)(c^3-d^3)$.

**证**　$2\,014$ 的素因数分解是 $2\cdot19\cdot53$. 我们看出 $19=3^3-2^3$,$2\cdot53=5^2+9^2$,因

此 $2\,104 = (5^2 + 9^2)(3^3 - 2^3)$.

# 2.23　绝　对　值

1.求值：$|1 - |2 - |3 - |4 - |5 - 6|||||$.

**解**　我们逐步计算,有
$$|1 - |2 - |3 - |4 - |5 - 6||||| =$$
$$|1 - |2 - |3 - |4 - |-1||||| =$$
$$|1 - |2 - |3 - |4 - 1|||| =$$
$$|1 - |2 - |3 - |3|||| =$$
$$|1 - |2 - |3 - 3||| =$$
$$|1 - |2 - 0|| =$$
$$|1 - 2| =$$
$$|-1| =$$
$$1$$

2.如果 $|x| + x + y = 10, x + |y| - y = 12$,求 $x + y$.

**解**　令 $x$ 是负数,则我们看出 $y = 10$,于是 $x = 12$,这不可能(因为我们设 $x$ 是负数). 因此断定 $x$ 是正数. 现设 $y$ 是正数,则可见 $x = 12, y = -14$,矛盾. 所以 $y$ 是负数. 最后结合 两个结果,得出 $2x + y = 10, x - 2y = 12$.解这个方程组,得 $x = \dfrac{32}{5}, y = -\dfrac{14}{5}$,因此

$$x + y = \frac{18}{5}$$

3.证明：$|x - y| \leqslant |x| + |y|$.

**证**　我们把所证两边平方,则需要证明
$$(x - y)^2 \leqslant (|x| + |y|)^2$$
(我们可以这样做,因为不等式两边是非负的),即
$$x^2 - 2xy + y^2 \leqslant x^2 + 2|x||y| + y^2$$
亦即 $-xy \leqslant |xy|$,此不等式由 $|-xy| = |xy|$ 与 $|a| \geqslant a$ 推出.

4.令 $a, b, c, d, e$ 是实数. 证明
$$|a| + |b| + |c| + |d| + |e| \geqslant |a - b - c - d - e|$$

**证**　我们从前一问题知道 $|a| + |b| \geqslant |a - b|$.把 $c$ 加到两边,则
$$|a| + |b| + |c| \geqslant |a - b| + |c|$$
应用前一问题于右边,得
$$|a| + |b| + |c| \geqslant |a - b| + |c| \geqslant |a - b - c|$$

我们对 $d$ 与 $e$ 做相同的运算,由此得出要求的不等式.

5.如果 $x < 2$,化简表达式 $|||x-2|-4|-6|$.

**解** 如果 $x < 2$,那么 $|x-2|=2-x$,从而

$$||2-x-4|-6|=||2+x|-6|$$

我们现在考虑两种不同的情形:

情形 1:如果 $x \in [-2,2)$,那么

$$||2+x|-6|=|2+x-6|=|x-4|$$

情形 2:如果 $x \leqslant -2$,那么

$$||2+x|-6|=|-(2+x)-6|=|x+8|$$

我们可以把这写成下式

$$|||x-2|-4|-6|=\begin{cases}|x-4|,\text{如果 } x \in [-2,2) \\ |x+8|,\text{如果 } x < -2\end{cases}$$

注意,在区间 $[-2,2)$ 上,$|x-4|$ 可以简写成 $4-x$.

6.求以下不等式所有实数解的集合

$$|z-1|+|z+2| < 3$$

**解法 1** 我们将分析 3 种情形:

(1) $z \in [1,+\infty)$,则 $|z-1|+|z+2|=z-1+z+2=2z+1 < 3$,从而 $z < 1$,这不可能.

(2) $z \in [-2,1)$,则 $|z-1|+|z+2|=1-z+z+2=3 < 3$,这不可能.

(3) $z \in (-\infty,-2)$,则 $|z-1|+|z+2|=1-z-z-2=-1-2z < 3$,从而 $z > -2$,这也不可能.

综上,我们断定,已知不等式无解.

**解法 2** 前面我们证明了 $|x-y| \leqslant |x|+|y|$.这里应用这个不等式得出

$$|z-1|+|z+2| \geqslant |z+2-(z-1)|=3$$

因此已知不等式无解.

7.如果 $x+\dfrac{1}{x}=7$,求值:$|x-\dfrac{1}{x}|$.

**解** 注意

$$\left(x-\frac{1}{x}\right)^2=\left(x+\frac{1}{x}\right)^2-4x \cdot \frac{1}{x}=49-4=45$$

因此

$$|x-\frac{1}{x}|=\sqrt{45}$$

8.$x$ 的最小值是什么,使 $|5x-1|=|3x+2|$?

**解**　根据表达式 $5x-1$ 与 $3x+2$ 的符号,我们把本题分解为 3 个方程

$$5x-1=3x+2 \quad (x \geqslant \frac{1}{5}) \tag{1}$$

$$-5x+1=3x+2 \quad (-\frac{2}{3} \leqslant x \leqslant \frac{1}{5}) \tag{2}$$

$$-5x+1=-3x-2 \quad (x \leqslant -\frac{2}{3}) \tag{3}$$

如果把方程(3)乘以 $-1$,那么得方程(1),于是我们可以把两个不等式成立的区间 $x \geqslant \frac{1}{5}$ 与 $x \leqslant -\frac{2}{3}$ 联合如下

$$5x-1=3x+2 \quad (x \leqslant -\frac{2}{3} \text{ 或 } x \geqslant \frac{1}{5}) \tag{4}$$

方程(4)给出 $x=\frac{3}{2}$,这个值在这个方程的定义域内.方程(2)给出 $x=-\frac{1}{8}$,这个值也在这个方程的定义域内.显然 $x=-\frac{1}{8}$ 是最小解.

9. $3 \leqslant |2n-5| \leqslant 8$ 有多少个正整数解?

**解**　我们把这个不等式分为两部分,一部分是 $|2n-5| \geqslant 3$,它表示 $2n-5 \geqslant 3$ 或 $2n-5 \leqslant -3$,解得 $n \geqslant 4$ 或 $n \leqslant 1$.另一部分是 $|2n-5| \leqslant 8$,它表示 $2n-5 \leqslant 8$ 或 $2n-5 \geqslant -8$,解得 $n \leqslant 6.5$ 或 $n \geqslant -1.5$.因此 $n$ 只能取从 $-1.5$ 到 $6.5$ 中的正整数值.经检验,我们求出 4 个解,即 $n=\{1,4,5,6\}$.

10. 令 $a,b,c$ 是实数,且 $|a-b|=2$,$|b-c|=3$,$|c-d|=4$.则 $|a-d|$ 的所有可能值之和是多少?

**解**　我们有

$$|a-b|=2 \Rightarrow a-b=2 \text{ 或 } -2$$
$$|b-c|=3 \Rightarrow b-c=3 \text{ 或 } -3$$
$$|c-d|=4 \Rightarrow c-d=4 \text{ 或 } -4$$

我们还知道

$$|a-d|=|(a-b)+(b-c)+(c-d)|$$

如果把以上信息代入,那么求出 $|a-d|=9,5,3,1$,这些值之和是 18.

11. 我们想把自然数写在圆上,使每对相邻数之差的绝对值都不同.

(1)能否用这种方式写出从 1 到 2 009 的各数?

(2)能否用这种方式从 1 到 2 009 中删去一数,使剩下的 2 008 个数可以用这种方式写出?

**解**　(1)不能,因为有 2 009 对不同的相邻数,绝对差从 1 到 2 008 不等.

(2)排列 2 009,1,2 008,2,$\cdots$,1 508,502,1 507,504,$\cdots$,1 007,1 004,1 006,1 005 满

足(2)的条件.

## 2.24 阶　　乘

1.证明:5! ·6·7! =10!.

**证**　注意

$$5! \cdot 6 \cdot 7! = 1 \cdot 2 \cdot 3 \cdot 4 \cdot 5 \cdot 6 \cdot 1 \cdot 2 \cdot 3 \cdot 4 \cdot 5 \cdot 6 \cdot 7 =$$
$$1 \cdot 2 \cdot 3 \cdot 4 \cdot 5 \cdot 6 \cdot 7 \cdot 8 \cdot 9 \cdot 10 =$$
$$10!$$

2.化简并求值 $\dfrac{12!}{6! \cdot 7!}$.

**解**　我们有

$$\frac{12!}{6! \cdot 7!} = \frac{1 \cdot 2 \cdot 3 \cdot 4 \cdot 5 \cdot 6 \cdot 7 \cdot 8 \cdot 9 \cdot 10 \cdot 11 \cdot 12}{(1 \cdot 2 \cdot 3 \cdot 4 \cdot 5 \cdot 6) \cdot (1 \cdot 2 \cdot 3 \cdot 4 \cdot 5 \cdot 6 \cdot 7)} =$$
$$4 \cdot 3 \cdot 11 = 132$$

3.哪个数较大:7! 与 $1+2+\cdots+100$?

**解**　计算 7!,我们得 7! =5 040.我们回忆,$1+2+\cdots+100=5$ 050.因此 $1+2+\cdots+100 > 7!$.

4.求 1! +2! +$\cdots$+100! 中的末位数字.

**解**　注意,5! 可被 10 整除,从而它的末位数字是 0.因为 10 整除 5!,6!,$\cdots$,100!,所以它们有 0 作为末位数字.于是和 5! +6! +$\cdots$+100! 的末位数字是 0.和 1! +2! +3! +4! 的末位数字是 $1+2+6+4$ 的末位数字,即 3.因此整个和 1! +2! +$\cdots$+100! 的末位数字是 3.

5.当 1! +2! +3! +$\cdots$+19! 除以 100 时,余数是多少?

**解**　数 10!,11!,$\cdots$,19! 中任一数可被 100 整除.因此我们可以把本题化为求 1! +2! +$\cdots$+9! 除以 100 时的余数.注意 8! +9! =8! ·10,它也可被 100 整除.最后

$$1! +2! +\cdots+7! =1+2+6+24+120+720+5\ 040=5\ 913$$

因此余数是 13.

6.威尔逊素数 $p$,使 $p^2$ 整除 $(p-1)! +1$.利用计算器回答以下问题:

(1)11 是威尔逊素数吗?

(2)13 是威尔逊素数吗?

**解**　(1)在计算后,我们得 10! +1=3 628 801.这个数可被 11 整除,但不可被 121 整除,因此 11 不是威尔逊素数.

(2)在计算后,我们得 12! +1=479 001 601,它可被 169 整除,因此 13 是威尔逊

素数.

　　**注**　已知的威尔逊素数只有 $5,13,563$.

　　7.求最大的 $n$,使 $n!$ 的末尾恰有 33 个 0.

　　**解**　我们利用与练习题 4 相同的方法:阶乘末尾 0 的个数是其乘积中 5 的个数.简单的计算证明了 $125!$ 的末尾有 $25+5+1$ 个 0,因为有 25 个数可被 5 整除,5 个数可被 $5^2$ 整除,1 个数可被 $5^3$ 整除.于是,$125!$ 的末尾有 31 个 0.由此得 $130!$ 的末尾有 32 个 0,$135!$ 的末尾有 33 个 0,$140!$ 的末尾有 34 个 0.因此使 $n!$ 末尾恰有 33 个 0 的最大整数是 $n=139$.

　　8.化简

$$\frac{(2!+3!)(4!+5!)}{6!+7!}$$

　　**解**　已知表达式等于

$$\frac{(2!+3\cdot2!)(4!+5\cdot4!)}{6!+7\cdot6!}=\frac{4\cdot2!\cdot6\cdot4!}{8\cdot6!}=\frac{3\cdot2!\cdot4!}{6!}=$$

$$\frac{3\cdot2\cdot4!}{6\cdot5\cdot4!}=\frac{1}{5}$$

　　9.在以下乘积中删去 120 个阶乘之一

$$1!\cdot2!\cdot3!\cdot\cdots\cdot120!$$

使它的值是完全平方数.

　　**解**　我们把这个阶乘分为两数一组,利用

$$n!(n+1)!=(n!)^2(n+1)$$

则有

$$1!\cdot2!\cdot3!\cdot\cdots\cdot120!=(1!\cdot3!\cdot5!\cdot\cdots\cdot119!)^2\cdot N$$

其中 $N=2\cdot4\cdot6\cdot\cdots\cdot120=2^{60}\cdot60!$,我们看出,因为 $2^{60}$ 是完全平方数,所以只要从原乘积中删去 $60!$,就能够使它是完全平方数.

　　10.证明:$6!\cdot7!\cdot\cdots\cdot12!\cdot20!\cdot21!\cdot\cdots\cdot28!$ 是完全立方数.

　　**证**　我们把这个阶乘分为三数一组,利用事实

$$n!(n+1)!(n+2)!=(n!)^3(n+1)^2(n+2)$$

则

$$6!\cdot7!\cdot\cdots\cdot12!\cdot20!\cdot21!\cdot\cdots\cdot28!=(7!\cdot10!\cdot20!\cdot23!\cdot26!)^3\cdot M$$

其中 $M=6!\cdot8^2\cdot9\cdot11^2\cdot12\cdot21^2\cdot22\cdot24^2\cdot25\cdot27^2\cdot28$.再分解 $M$,我们看出它是立方数

$$M=2^{21}\cdot3^{15}\cdot5^3\cdot7^3\cdot11^3=(2^7\cdot3^5\cdot5\cdot7\cdot11)^3$$

## 2.25 七 巧 板

1.用七巧板拼出数字 1,2,3,…,9.

**解** 如图 2.25.1 所示.

图 2.25.1

2.用七巧板拼出动物、宠物和其他对象的图案.利用你的想象力!

**解** 可能的图案如图 2.25.2 所示.

图 2.25.2

## 2.26 字母与数字

1.在加法

$$
\begin{array}{r}
A \\
B \\
C\,D \\
E\,F \\
+\,G\,H \\
\hline
X\,Y
\end{array}
$$

中,求 $X$ 与 $Y$.

**解**　因为

$$A+B+\cdots+H+X+Y=0+1+\cdots+9=45$$

所以当 $45-(X+Y)$ 除以 $9$ 时,余数等于 $X+Y$ 除以 $9$ 时的余数. 这表示 $X+Y$ 可被 $9$ 整除,因为 $X$ 与 $Y$ 是不同的数字,所以 $X+Y<18$,于是 $X+Y=9$. 因为 $A+B+\overline{CD}+\overline{EF}+\overline{GH}\geqslant 4+5+10+26+37=82$,所以我们一定有 $\overline{XY}=90$. 由此得 $X=9,Y=0$. 这种加法的例子是

$$
\begin{array}{r}
4\\
5\\
1\ 6\\
2\ 7\\
+\ 3\ 8\\
\hline
9\ 0
\end{array}
$$

2. 求出减法 $EPICS-MATH=TEN$ 中所有字母的值.

**解**　利用另一种运算,我们作加法

$$
\begin{array}{r}
T\ E\ N\\
+\ \ M\ A\ T\ H\\
\hline
E\ P\ I\ C\ S
\end{array}
$$

显然 $E=1,M=9,P=0$,由 $T+A$ 进位知,$T$ 小于 $8$,否则 $C$ 应是 $9$ 或 $0$,但这已经被其他的字母取值,于是 $T+A$ 可以是:$(1)7+8$,$(2)6+8$,$(3)5+8$,$(4)4+8$,$(5)7+6$,$(6)7+5$. $(1)$ 蕴涵 $I=5$,只留下数字 $2,3,4,6$ 适合 $C,N,H,S$. 这使得 $N+H=2+4$,$S=6$,$C=3$,不可能. $(2)$ 蕴涵 $I=4$,只留下数字 $2,3,5,7$ 适合 $C,N,H,S$. 这使得 $N+H=2+3$,$S=5$,$C=7$,符合题设(另外的选择 $C+H=2+5$ 导致 $S=7$,$C=3$,不可能). $(3)$ 蕴涵 $I=3$,导致只有数字 $2,4,6,7$ 适合 $C,N,H,S$. 这使得 $N+H=2+4$,$S=6$,$C=7$,不可能. $(4)$ 蕴涵 $I=2$,导致只有数字 $3,5,6,7$ 适合 $C,N,H,S$. 这使得 $N+H=6+7$,$S=3$,$C=5$,不可能. $(5)$ 蕴涵 $I=3$,导致只有 $2,4,5,8$ 适合 $C,N,H,S$. 这使得 $N+H=8+4$,$S=2$,$C=5$,不可能. $(6)$ 蕴涵 $I=2$,导致 $3,4,6,8$ 适合 $C,N,H,S$. 这使得 $N+H=6+8$,$S=4$,$C=3$,不可能.

因此唯一解是

$$612+9\ 863=10\ 475$$

和

$$613+9\ 862=10\ 475$$

3. 确定以下等式是否可能

$$\overline{ABCD}+\overline{EFGH}=\overline{XXXXX}-\overline{YYYY}$$

**解**　因为每个字母表示不同的数字,所以 $A+B+\cdots+H+X+Y=45$,于是 $A+$

$B + \cdots + H = 45 - X - Y$. 因此 $5X - 4Y$ 被 9 除时的余数与 $45 - X - Y$ 被 9 除时的余数相同,即 $45 - X - Y - (5X - 4Y)$ 可被 9 整除,于是 $3(Y - 2X)$ 是 9 的倍数. 由此得 $Y - 2X$ 可被 3 整除. 显然 $X$ 取值 1,2 或 3. 如果 $X = 1$,那么 $Y$ 可以是 2,5 或 8. 如果 $X = 2$,那么 $Y$ 是 1, 4 或 7. 但是 $X = 3$ 是不容许的,因为

$$\overline{XXXXX} = \overline{ABCD} + \overline{EFGH} + \overline{YYYY} \leqslant 3 \cdot 9\ 999 = 29\ 997$$

以下是众多可能性之一

$$3\ 089 + 2\ 467 = 11\ 111 - 5\ 555$$

换言之,上述等式是可能的.

4. 加法 $\overline{ABCD} + \overline{BCDA} + \overline{CDAB} + \overline{DABC}$ 的结果是形式为 $\overline{XYYYX}$ 的数. 每个字母表示不同的数字. 证明:$2X = Y$.

**证** 我们有 $1\ 111(A + B + C + D) = \overline{XYYYX}$,从而 11 整除 $X - Y + Y - Y + X = 2X - Y$. 但是 $A + B + C + D \leqslant 9 + 8 + 7 + 6 = 30$,于是 $X \leqslant 3$. 由此得 $2X = Y$.

**注** 如果我们设 $X, Y$ 与 $A < B < C < D$ 都不同,那么 $X = 1, Y = 2$ 是不可能的,因为唯一的选择是 $1\ 235 + 2\ 351 + 3\ 512 + 5\ 123 = 12\ 221$(其中 $X = A, Y = B$). 当 $Y = 4$ 时,$X = 2$ 的情形是可能的,例如 $1\ 579 + 5\ 791 + 7\ 915 + 9\ 157 = 24\ 442$. 当 $Y = 6$ 时,$X = 3$ 的情形是不可能的,因为 $36\ 663 > 30 \cdot 1\ 111$.

5. 以下加法是可能的吗

$$
\begin{array}{r}
A\ B\ C\ D \\
B\ C\ D\ A \\
+\ C\ D\ A\ B \\
\hline
D\ A\ B\ C
\end{array}
$$

**解** 我们将有

$$\overline{ABCD} + \overline{BCDA} + \overline{CDAB} + \overline{DABC} = 2\ \overline{DABC}$$

蕴涵 $1\ 111(A + B + C + D) = 2\ \overline{DABC}$. 由此得

$$A + B + C + D = 2K$$

于是 $1\ 111 \cdot K = \overline{DABC}$. 为使这是四位数,$K \leqslant 9$,我们求出 $\overline{DABC} = \overline{KKKK}$,这与假设 $A$, $B, C, D$ 都是不同的数字矛盾.

6. 以下加法是可解答的吗

$$
\begin{array}{r}
A\ X\ X\ X\ U \\
B\ X\ X\ V \\
C\ X\ X\ Y \\
+\ D\ E\ X\ X\ Z \\
\hline
X\ X\ X\ X\ X
\end{array}
$$

**解** 答案是肯定的

$$16\ 662$$
$$3\ 667$$
$$5\ 668$$
$$+\ 40\ 669$$
$$\overline{66\ 666}$$

主动在问题的解中选择 $X=6$,是因为

$$A+B+\cdots+H+X+Y=0+1+\cdots+9=45$$

于是,当 $45+8X$ 除以 9 时,余数等于 $5X$ 除以 9 时的余数.这表示 $X$ 可被 3 整除,从而 $X$ 可能是 3,6 或 9.此外,$X$ 不能是 3.实际上,如果 $X=3$,那么 $A+D=1+2,3+B+C+E\geqslant 3+0+4+5$,进位,于是 $X=4$,矛盾.$X$ 也不能是 9.实际上,如果 $X=9$,那么在十位这一列上的加法要求在这一列进位 3,因此 $U+V+Y+Z=39$.但这显然是不可能的.

7.数 $\overline{MATHLEADS}+\overline{MATHLETES}$ 的数字可以都不同吗?

**解**　是的,它们可以不同,例如

$$108\ 379\ 045+108\ 379\ 895=216\ 758\ 940$$

8.在加法 $\overline{MATH}+\overline{LEADS}$ 中,每个字母表示不同的数字.这个加法的结果可以是 5 个数字都相同的数吗?

**解**　是的,例如 $7\ 320+59\ 346=66\ 666$.

## 2.27　第 5 套问题

1.求素数 $p$,使 $p+8\ 100$ 是完全平方数.

**解**　令 $x$ 是正整数,使 $p+8\ 100=x^2$,则

$$p=(x-90)(x+90)$$

$p$ 的因数只有 1 与 $p$,从而 $x-90=1,x+90=p$.解第 1 个方程,得 $x=91$,把 $x=91$ 代入第 2 个方程,得 $p=181$,实际上这是素数.

2.求所有素数 $p$,使 $47p^2+1$ 是完全平方数.

**解**　令 $x$ 是整数,使 $47p^2+1=x^2$,则

$$(x-1)(x+1)=47p^2$$

我们考虑以下情形:

(1)$x-1=1,x+1=47p^2$,无解.

(2)$x-1=47,x+1=p^2$,由此得 $p^2=49$,于是 $p=7$.

(3)$x-1=p,x+1=47p$,这不可能,因为它蕴涵 $2=46p$,它无整数解.

(4)$x-1=47p,x+1=p$,显然不可能,因为它蕴涵 $2=-46p$.

(5)$x-1=p^2,x+1=47$,得 $p^2=45$,它无整数解.

(6)$x-1=47p^2, x+1=1$,无解.

因此,唯一解是 $p=7$.

3. 把 $1\,000\,000$ 写成 $1$ 个素数与 $1$ 个完全平方数之和.

**解** 令 $p$ 是素数,$x$ 是整数,使 $p+x^2=1\,000\,000$,则 $p=(1\,000-x)(1\,000+x)$. 这蕴涵 $1\,000-x=1, 1\,000+x=p$,由此得 $p=1\,999$,实际上它是素数. 于是 $x=999$,因此 $x^2=998\,001$.

4. 求所有整数 $n$,使 $4n+9$ 与 $9n+1$ 二者都是完全平方数.

**解** 令 $x, y$ 是两个整数,使 $4n+9=x^2, 9n+1=y^2$,则 $36n+81=9x^2, 36n+4=4y^2$. 如果我们把它们相减,那么得

$$(3x-2y)(3x+2y)=77$$

我们知道 $77=1\cdot7\cdot11$. 因为 $3x-2y<3x+2y$,所以只能有 $3x-2y=1$ 或 $7$.

(1)$3x-2y=1, 3x+2y=77$,从而 $6x=78$,因此 $x=13, y=19, n=40$.

(2)$3x-2y=7, 3x+2y=11$,从而 $6x=18$,因此 $x=3, y=1, n=0$.

因此解是 $n=0$ 和 $n=40$.

5. 求所有的正整数 $n$,使 $n(n+60)$ 是完全平方数.

**解** 令 $x=n+30$,则

$$n(n+60)=(x+30)(x-30)=x^2-900$$

令 $y$ 是非负整数,使 $x^2-900=y^2$,则

$$(x-y)(x+y)=900=1\cdot2\cdot2\cdot3\cdot3\cdot5\cdot5$$

因为 $x-y<x+y$,所以 $x-y$ 是 $1,2,3,4,5,6,9,10,12,15,18,20,25$ 中任意一个.

(1)$x-y=1, x+y=900 \Rightarrow 2x=901 \Rightarrow$ 无整数解.

(2)$x-y=2, x+y=450 \Rightarrow 2x=452 \Rightarrow x=226$,从而 $n=196$.

(3)$x-y=3, x+y=300 \Rightarrow 2x=303 \Rightarrow$ 无整数解.

(4)$x-y=4, x+y=225 \Rightarrow 2x=229 \Rightarrow$ 无整数解.

(5)$x-y=6, x+y=150 \Rightarrow 2x=156 \Rightarrow x=78$,从而 $n=48$.

(6)$x-y=9, x+y=100 \Rightarrow 2x=109 \Rightarrow$ 无整数解.

(7)$x-y=10, x+y=90 \Rightarrow 2x=100 \Rightarrow x=50$,从而 $n=20$.

(8)$x-y=12, x+y=75 \Rightarrow 2x=87 \Rightarrow$ 无整数解.

(9)$x-y=15, x+y=60 \Rightarrow 2x=75 \Rightarrow$ 无整数解.

(10)$x-y=18, x+y=50 \Rightarrow 2x=68 \Rightarrow n=4$.

(11)$x-y=20, x+y=45 \Rightarrow 2x=65 \Rightarrow$ 无整数解.

(12)$x-y=25, x+y=36 \Rightarrow 2x=61 \Rightarrow$ 无整数解.

因此仅有的解是 $n=196, 48, 20, 4$.

注意,观察到 $x-y$ 与 $x+y$ 总是有相同的奇偶性(这是由于它们的和是偶数 $2x$),我

们可以迅速消除无解的所有情形. 此外,它们的积是偶数 900,因此 $x-y$ 与 $x+y$ 一定都是偶数.

6. 对怎样的整数 $n$,方程 $x^2-y^2=n$ 有整数解?

**解**　因为对某整数 $k$,$x=k+1$,$y=k$,所以 $x^2-y^2=2k+1$. 因此所有奇数 $n$ 可以表示为两个平方数之差. 现在我们来证明,如果 $n$ 是偶数,那么 $n$ 可被 4 整除. 如果 $n$ 是偶数,那么 $x$ 与 $y$ 都是奇数或都是偶数. 在这两种情形下,这些平方数之差可被 4 整除,因为

$$(2l)^2-(2m)^2=4(l^2-m^2)$$

与

$$(2l+1)^2-(2m+1)^2=4(l^2+l-m^2-m)$$

如果 $x=k+1$,$y=k-1$,那么 $x^2-y^2=4k$,因此可被 4 整除的所有整数可以表示为两个平方数之差.

7. 在 1 与 10 000(包括)之间有多少个数可以写成两个完全平方数之差?

**解**　如果我们利用前一问题的结果,那么需要计算从 1 到 10 000 中奇数的个数与从 1 到 10 000 中 4 的倍数的个数. 这个和等于

$$\frac{10\,000}{2}+\frac{10\,000}{4}=5\,000+2\,500=7\,500$$

8. 有多少个完全平方数整除 $2^{11}\cdot 3^{13}\cdot 5^{17}$?

**解**　整除 $2^{11}\cdot 3^{13}\cdot 5^{17}$ 的完全平方数具有形式 $2^{2a}\cdot 3^{2b}\cdot 5^{2c}$,其中

$$2a=0,2,4,6,8,10(6 \text{ 种可能性})$$

$$2b=0,2,4,6,8,10,12(7 \text{ 种可能性})$$

$$2c=0,2,4,6,8,10,12,14,16(9 \text{ 种可能性})$$

因此,整除已知数的完全平方数的总数是

$$6\cdot 7\cdot 9=378$$

9. 令 $A$ 与 $B$ 是正整数,可以写成两个完全平方数之和. 证明:积 $A\cdot B$ 也可以写成两个完全平方数之和.

**证**　令 $A=x^2+y^2$,$B=m^2+n^2$,则

$$A\cdot B=(x^2+y^2)(m^2+n^2)=(xm+yn)^2+(xn-ym)^2$$

**注**　这个恒等式可以在丢番图(公元 3 世纪)的书《算术》中找到,并被婆罗摩笈多(公元 7 世纪)重新发现. 它还可以在 L. 皮萨诺(公元 13 世纪)的《关于平方数的书》中找到,更好地称为斐波那契(公元 13 世纪)恒等式. 这个恒等式是拉格朗日恒等式的特殊情形.

10. 在勾股弦三元数组 $(3,4,5)$,$(5,12,13)$,$(7,24,25)$ 中,较长直角边的长与斜边的长是相继数.

(1) 下一个这样的 3 个三元数组是什么?

(2) 求出并证明所有这样的三元数组.

**解** (1)(9,40,41),(11,60,61),(13,84,85).

(2) 我们要求解方程 $x^2 + y^2 = (y+1)^2$. 注意,这蕴涵着 $x$ 必须是奇数. 令 $x = 2k+1$,则

$$(2k+1)^2 + y^2 = (y+1)^2$$

从而 $4k^2 + 4k + 1 = 2y + 1$,由此得出 $y = 2k^2 + 2k$. 因此,通解是 $(2k+1, 2k^2 + 2k, 2k^2 + 2k + 1)$.

11. 求 4 个正整数 $a, b, c, d$,使 $a^2 + b^2$, $a^2 + b^2 + c^2$, $a^2 + b^2 + c^2 + d^2$ 都是完全平方数.

**解** 对 $a = 3, b = 4, c = 12, d = 84$,所给的和等于 $5^2, 13^2, 85^2$.

## 2.28 简 单 和

1. 求值:$1 + 2 + \cdots + 30$.

**解** 由我们之前推导出的公式 $1 + 2 + \cdots + n = \dfrac{n(n+1)}{2}$,得

$$1 + 2 + \cdots + 30 = \frac{30 \cdot 31}{2} = 465$$

2. 求值:$2 + 4 + \cdots + 28 + 30$.

**解** 提取公因数 2,则

$$2 + 4 + \cdots + 28 + 30 =$$
$$2(1 + 2 + \cdots + 15) =$$
$$2 \cdot \frac{15 \cdot 16}{2} = 240$$

3. 求值:$1 + 3 + 5 + \cdots + 27 + 29$.

**解法 1** 这里我们把以上求出的和相减,得

$$1 + 3 + 5 + \cdots + 27 + 29 = 465 - 240 = 225$$

**解法 2** 我们这里可以认为是前 15 个正奇数之和,它的和是 $15^2 = 225$.

4. 把数 $1, 2, \cdots, 8$ 分为 3 组,每组内个数不一定相同,使每组各数和相同.

**解** 所有数之和是 $\dfrac{8 \cdot 9}{2} = 36$. 因此每组内各数之和一定是 12. 这样的组的例子如下

$$(4, 8), (5, 7), (1, 2, 3, 6)$$

5. 15 个相继数之和是 105. 求它们的积.

**解** 前 15 个相继数之和是

$$1 + 2 + \cdots + 15 = 120$$

于是我们的和中的 1 个数是 0. 我们有 $0 + 1 + \cdots + 14 = 105$,因此 $0 \cdot 1 \cdots \cdot 14 = 0$,解毕.

6.证明：$8+16+24+\cdots+8\,000$ 与 1 个完全平方数之差为 1.

**证**

$$8+16+\cdots+8\,000=8\cdot(1+2+\cdots+1\,000)=$$
$$8\cdot\frac{1\,000\cdot1\,001}{2}=$$
$$4\cdot1\,000\cdot1\,001=$$
$$2\,000\cdot2\,002=$$
$$(2\,001-1)(2\,001+1)=$$
$$2\,001^2-1$$

## 2.29    三角形数

1.证明：第 36 个三角形数等于 $D+C+L+X+V+I$，即 7 个罗马数中 6 个数之和.

**证**    一方面

$$D+C+L+X+V+I=500+100+50+10+5+1=666$$

另一方面

$$T_{36}=\frac{36\cdot37}{2}=666$$

2.证明：唯一的三角形数也是素数的是 3.

**证**    对于 $n>2$，$n$ 或 $n+1$ 之一是大于 2 的偶数，于是，当我们消去 $\frac{n(n+1)}{2}$ 中的分母 2 时，还留下两个大于 1 的数的积，因此，对于 $n>2$，三角形数是合数.看出这一点的另一种方法是考虑两种情形：

情形 $1$：$n=2k(k\geqslant1)$，则

$$T_n=\frac{n(n+1)}{2}=\frac{2k(2k+1)}{2}=k(2k+1)$$

我们看出，只有当 $k=1$ 时，$T_n$ 是素数，当 $n=2$ 时，$T_2=3$.

情形 $2$：$n=2k-1(k\geqslant1)$，则

$$T_n=\frac{n(n+1)}{2}=\frac{(2k-1)2k}{2}=(2k-1)k$$

我们看出，只有当 $k=1$ 时，$T_n$ 是素数，当 $n=1$ 时，$T_1=1$，它不是素数.

3.证明：如果 $T$ 是三角形数，那么 $9T+1$ 也是三角形数.

**证**    我们尝试两个简单的例子

$$9T_1+1=9\cdot1+1=10=T_4$$
$$9T_2+1=9\cdot3+1=28=T_7$$

一般地,如果 $T_n$ 是第 $n$ 个三角形数,那么

$$9T_n + 1 = 9\frac{n(n+1)}{2} + 1 = \frac{9n^2 + 9n + 2}{2} =$$

$$\frac{(3n+1)(3n+2)}{2} = T_{3n+1}$$

4.证明:如果 $T$ 是三角形数,那么 $8T+1$ 是完全平方数.(见节 1.28 的问题 6)

**证** 我们尝试两个简单的例子

$$8T_1 + 1 = 8 \cdot 1 + 1 = 9 = 3^2$$

$$8T_2 + 1 = 8 \cdot 3 + 1 = 25 = 5^2$$

一般地,如果 $T_n$ 是第 $n$ 个三角形数,那么

$$8T_n + 1 = 8\frac{n(n+1)}{2} + 1 = 4n(n+1) + 1 = 4n^2 + 4n + 1 =$$

$$(2n+1)^2 = S_{2n+1}$$

5.在有 25 人参加者的欢迎会上,每两人彼此只握手一次.则发生了多少次握手?

**解** 25 人中每人与其他 24 人握手.如果我们作乘法 $25 \cdot 24$,那么每次握手算了两次,因此解是

$$\frac{25 \cdot 24}{2} = T_{24}$$

6.求十二边形中对角线的条数.

**解** $n$ 边形有 $n$ 个顶点连成的 $\frac{n(n-1)}{2}$ 条线段,这些线段中的 $n$ 条是多边形的边.因此有

$$\frac{n(n-1)}{2} - n = \frac{n(n-3)}{2}$$

条对角线.对 $n=12$,我们有 $\frac{12 \cdot 9}{2} = 54$ 条对角线.

7.一个多边形有 20 条对角线.则这个多边形有多少个顶点?

**解** 我们知道具有 $n$ 个顶点($n$ 边)的多边形有 $\frac{n(n-3)}{2}$ 条对角线.因此我们给出

$$n(n-3) = 40 = 8 \cdot 5$$

易见 $n=8, n-3=5$.因此我们的多边形有 8 个顶点,它是八边形.

8.考虑表格

$$
\begin{array}{l}
1 \\
2 \quad 3 \\
4 \quad 5 \quad 6 \\
7 \quad 8 \quad 9 \quad 10 \\
\cdots
\end{array}
$$

(1) 第 9 行第 1 个数是多少?

(2) 求出包含数 100 的那一行.

**解**　(1) 这个表格在每行末端包含三角形数. 因此第 9 行第 1 个数是 $T_8 + 1 = 37$.

(2) 为了求出包含数 100 的那一行, 我们寻找 $n$, 使 $T_{n-1} < 100 < T_n$. 这等价于 $(n-1)n < 200 < n(n+1)$. 用尝试法, 我们求出 $n = 14$.

9. 证明: 第 $n$ 个三角形数的平方等于从数 1 到 $n$ 的立方和.

**证**　我们要证明 $1^3 + 2^3 + \cdots + n^3 = T_n^2$. 如果此式成立, 那么这个公式与以前的情况 ($n$ 换为 $n-1$) 相减给出 $n^3 = T_n^2 - T_{n-1}^2$. 而这很容易检验

$$T_n^2 - T_{n-1}^2 = \left(\frac{n(n+1)}{2}\right)^2 - \left(\frac{n(n-1)}{2}\right)^2 =$$

$$\frac{n^2}{4}((n+1)^2 - (n-1)^2) =$$

$$\frac{n^2}{4}(n^2 + 2n + 1 - n^2 + 2n - 1) =$$

$$\frac{n^2}{4} \cdot 4n = n^3$$

由此我们用消去以下和中的项, 证明所要求的公式

$$1^3 + 2^3 + 3^3 + \cdots + n^3 = T_1^2 + (T_2^2 - T_1^2) + (T_3^2 - T_2^2) + \cdots + (T_n^2 - T_{n-1}^2) = T_n^2$$

这个结果也可以写成著名的恒等式

$$(1 + 2 + \cdots + n)^2 = 1^3 + 2^3 + \cdots + n^3$$

10. 证明: 前 $n$ 个三角形数之和是第 $n$ 个四面体数

$$\frac{n(n+1)(n+2)}{6}$$

**证**　我们同样可以验证这个恒等式对较小的 $n$ 值成立. 一般地, 它成立, 因为

$$\frac{n(n+1)(n+2)}{6} - \frac{(n-1)n(n+1)}{6} = \frac{n(n+1)}{2} = T_n$$

## 2.30　多角形数

1. 求值: $2T_5 - S_5$ (其中 $S_5$ 是第 5 个正方形数).

**解**　$2T_5 - S_5 = 2 \cdot 15 - 25 = 5$.

2. 求值: $2T_{10} - S_{10}$.

**解**　$2T_{10} - S_{10} = 2 \cdot 55 - 100 = 10$.

3. 证明: $2T_4 + 2P_4$ (其中 $P_4$ 是第 4 个五角形数) 是完全平方数.

**证**　$2T_4 + 2P_4 = 2 \cdot 10 + 2 \cdot 22 = 8^2$.

4. 证明：$P_6 + T_6 - 2S_6 = 0$.

**证** $P_6 + T_6 - 2S_6 = 51 + 21 - 2 \cdot 36 = 72 - 72 = 0$.

5. 证明：所有其他的三角形数是六角形数.

**证** 在我们写出两个数列时,容易看出这个法则.六角形数是 $1,6,15,28,45,\cdots$.三角形数是 $1,3,6,10,15,21,28,36,45,\cdots$,为了证明它,我们变换六角形数公式

$$H_6 = n(2n-1) = \frac{(2n-1) \cdot 2n}{2} = T_{2n-1}$$

6. 证明：$2T_n - S_n = n$.

**证** $2T_n - S_n = 2\frac{n(n+1)}{2} - n^2 = n^2 + n - n^2 = n$.

7. 证明：$2(T_n + P_n)$ 是完全平方数.

**证** $2(T_n + P_n) = 2\left(\frac{n(n+1)}{2} + \frac{n(3n-1)}{2}\right) = 4n^2 = (2n)^2 = S_{2n}$.

8. 证明：$P_n + T_n - 2S_n = 0$.

**证** $P_n + T_n - 2S_n = \frac{n(3n-1)}{2} + \frac{n(n+1)}{2} - 2n^2 = \frac{1}{2}(2n)^2 - 2n^2 = 0$.

9. 证明：第 $n$ 个 $m+1$ 角形数与第 $n$ 个 $m$ 角形数之差是第 $n-1$ 个三角形数.例如,第 6 个七角形数(81)减去第 6 个六角形数(66)等于第 5 个三角形数(15).

**证**

$$N_n^{(m+1)} - N_n^{(m)} = \left(n + (m-1)\frac{n(n-1)}{2}\right) - \left(n + (m-2)\frac{n(n-1)}{2}\right) =$$

$$(m-1 - (m-2))\frac{n(n-1)}{2} =$$

$$\frac{n(n-1)}{2} = T_{n-1}$$

## 2.31 第 6 套问题

1. 在以下数列中共有多少个数：$30,45,60,\cdots,2\,010$?

**解** 相邻两个数之差是 15,因此在已知数列中共有 $\frac{2\,010 - 30}{15} + 1 = 133$ 个数.

2. Mary 看某二位数,把它的数字反过来.然后把这两个数相加,和是 187.则这两个数是什么?

**解** 令原来的数是 $\overline{ab}$,则逆序数是 $\overline{ba}$.它们之和等于 $\overline{ab} + \overline{ba} = 11(a+b) = 187$,从而 $a+b = 17$.显然其中 1 个数字一定是 9,否则和将小于 17.因此我们寻找的数是 98 与 89.

3. 两个孩子可以同时玩球.在 90 分钟内,只有两个孩子同时玩,5 个孩子轮流玩,这

样每个孩子玩的时间是一样的.那么每个孩子玩了多少分钟?

**解**　两个孩子同时玩球,如果总共玩了 90 分钟,那么所有孩子合起来玩了 180 分钟,因为所有孩子玩的时间是一样的,所以我们断定每人玩了 $\frac{180}{5}=36$ 分钟.

4.如果数 $4a-3$ 与 $4b-3$ 相加得 2 014,求数 $\frac{a}{5}-4$ 与 $\frac{b}{5}-4$ 之和.

**解**　我们已知 $(4a-3)+(4b-3)=2\ 014$,从而

$$a+b=\frac{2\ 014+6}{4}=505$$

因此

$$\frac{a}{5}-4+\frac{b}{5}-4=\frac{a+b}{5}-8=\frac{505}{5}-8=101-8=93$$

5.数列 $1,2,3,4,5,6,7,8,9,10$ 与数列 $11,12,13,14,15,16,17,18,19,20$ 各包含 4 个素数.这样的数列称为严格十个一组数.求出下一个严格十个一组数.

**解**　数列

$$21,\cdots,30;31,\cdots,40;41,\cdots,50;\cdots;91,\cdots,100$$

中每个数列包含少于 4 个素数.另一方面,数列 $101,\cdots,110$ 包含 4 个素数,它们是 101,103,107,109.这个数列中各数之和是

$$101+102+\cdots+110=10\cdot100+\frac{10\cdot11}{2}=1\ 055$$

6.有多少个不同的完全平方数可整除 $12^{12}$?

**解**　我们知道 $12=2^2\cdot3$.从而对某些整数 $m,k$,可整除 $12^{12}=2^{24}\cdot3^{12}$ 的完全平方数具有形式 $2^{2k}\cdot3^{2m}$,其中 $k=0,1,2,\cdots,12;m=0,1,\cdots,6$.因为可用 13 种方法选择 $k$,可用 7 种方法选择 $m$,所以共有 $13\cdot7=91$ 个不同的完全平方数可整除已知数.

7.矩形有面积 240.如果长增加 $20\%$,宽减少 $40\%$,则新矩形的面积是多少?

**解**　令 $a$ 与 $b$ 是已知矩形的长与宽,则 $a\cdot b=240$.在 $a$ 变为 $\frac{6}{5}a,b$ 变为 $\frac{3}{5}b$ 后,新矩形的面积是

$$\left(\frac{6}{5}a\right)\left(\frac{3}{5}b\right)=\frac{18}{25}\cdot240=172.8$$

8.15 个相继数之和是 2 010.求这些整数中的最小数.

**解**　令 $x$ 是中间的那个数,则 15 个相继数是

$$x-7,x-6,x-5,\cdots,x,x+1,\cdots,x+7$$

它们之和是

$$(x-7)+(x+7)+\cdots+(x-1)+(x+1)+x=15x=2\ 010$$

关于 $x$ 解上述方程,我们得 $x=134$.因此,最小的数是

$$x - 7 = 127$$

9. 求所有整数 $n$，使 $n^2 + 40n$ 是完全平方数.

**解**  令 $n(n+40) = x^2$. 作代换 $n = y - 20$，则 $(y-20)(y+20) = x^2$ 或 $y^2 - 400 = x^2$. 这可以变换为

$$(y-x)(y+x) = 400$$

因为 $(y-x) + (y+x) = 2y$ 是偶数，所以我们一定有它们二者都是偶数或都是奇数. 第 2 种选择是不可能的，因为它们之积是 400，从而我们知道 $y-x$ 与 $y+x$ 都是偶数. 于是我们来分析以下几种情形：

(1) $y - x = 2, y + x = 200$，由此得出 $y = 101, x = 99, n = 81$.

(2) $y - x = 4, y + x = 100$，由此得出 $y = 52, x = 48, n = 32$.

(3) $y - x = 8, y + x = 50$，由此得出 $y = 29, x = 21, n = 9$.

(4) $y - x = 10, y + x = 40$，由此得出 $y = 25, x = 15, n = 5$.

(5) $y - x = 20, y + x = 20$，由此得出 $y = 20, x = 0, n = 0$.

此时我们只考虑了 $n$ 为正数时的解，如果 $n$ 是负数，那么会有怎样的情形呢？对某非负整数 $k$，令 $n = -k$，则 $n(n+40) = -k(40-k)$. 为使最后的表达式是完全平方数，它一定是非负的，从而 $k \geqslant 40$. 对某非负整数 $d$，令 $k = 40 + d$. 于是我们得 $-(40+d)(-d) = (40+d)d$. 我们已经解决了这个问题，因此有 $d = 0, 5, 9, 32, 81$. 这些 $d$ 又出另外 5 个解 $n = -40, -45, -49, -72, -121$.

10. 25 个相继数之和是 200. 求其中的最大数.

**解**  令 $x$ 是中间的那个数，则 25 个相继数是

$$x - 12, x - 11, x - 10, \cdots, x, x + 1, \cdots, x + 12$$

它们之和是

$$(x-12) + (x+12) + \cdots + (x-1) + (x+1) + x = 25x = 200$$

解得 $x = 8$. 因此，最大数是 $x + 12 = 20$.

11. 在 1 与 2 010(包含)中随机地选出 6 个不同正整数. 这些整数中某对整数之差是 5 的倍数的概率是多少？

**解**  为使两个数之差可被 5 整除，它们一定是以下各组数之一中的两个数：

(1) $1, 6, 11, \cdots, 2\,006$.

(2) $2, 7, 12, \cdots, 2\,007$.

(3) $3, 8, 13, \cdots, 2\,008$.

(4) $4, 9, 14, \cdots, 2\,009$.

(5) $5, 10, \cdots, 2\,010$.

注意，有 5 组数，我们要从中选 6 个数，则由鸽笼原理知，一定有两个数来自同一组. 因此某对整数之差是 5 的倍数的概率是 1，即无论我们怎样选择它们，它总会发生.

## 2.32　牙签数学 Ⅰ

1.移动两支牙签,以这种方式得出 5 个全等的正方形(图 2.32.1).

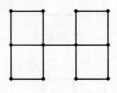

图 2.32.1

**解**　如图 2.32.2 所示.

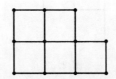

图 2.32.2

2.除去 16 支牙签,以这种方式得出 1 个正方形和 4 个六边形,使它们的面积和等于原正方形面积(图 2.32.3).

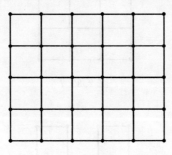

图 2.32.3

**解**　如图 2.32.4 所示.

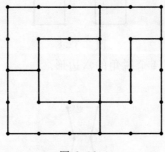

图 2.32.4

3.移动两支牙签,得出 7 个全等正方形(图 2.32.5).

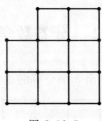

图 2.32.5

**解**　如图 2.32.6 所示.

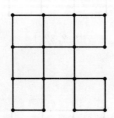

图 2.32.6

4.除去 8 支牙签,使剩下的图形组成 4 个全等正方形(图 2.32.7).

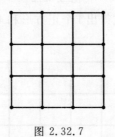

图 2.32.7

**解**　如图 2.32.8 所示.

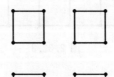

图 2.32.8

5.只用 6 支牙签摆出具有 4 个锐角的六边形.

**解**　如图 2.32.9 所示.

图 2.32.9

6.除去 32 支牙签,得出两个正方形(图 2.32.10).

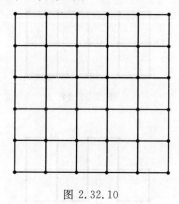

图 2.32.10

**解**　如图 2.32.11 所示.

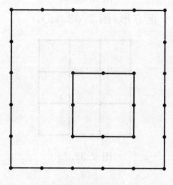

图 2.32.11

7.除去 14 支牙签,以这种方式得出 6 个全等正方形(图 2.32.12).

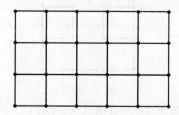

图 2.32.12

**解**　如图 2.32.13 所示.

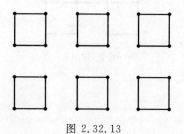

图 2.32.13

8.除去 4 支牙签,得出 5 个全等正方形(图 2.32.14).

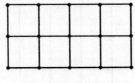

图 2.32.14

**解** 如图 2.32.15 所示.

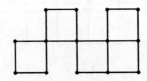

图 2.32.15

9.除去 6 支牙签,得出 3 个正方形(图 2.32.16).

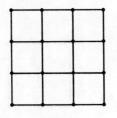

图 2.32.16

**解** 如图 2.32.17 所示.

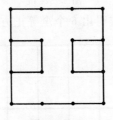

图 2.32.17

10.移动 6 支牙签,得出两个正方形(图 2.32.18).

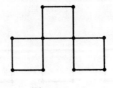

图 2.32.18

**解** 如图 2.32.19 所示.

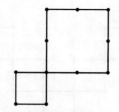

图 2.32.19

11.除去 16 支牙签,得出两个全等正方形(图 2.32.20).

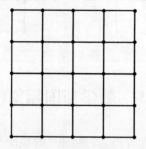

图 2.32.20

**解**　如图 2.32.21 所示.

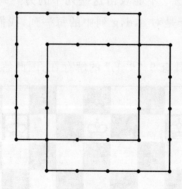

图 2.32.21

12.除去 24 支牙签,得出 9 个全等正方形(图 2.32.22).

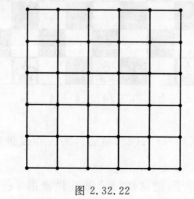

图 2.32.22

**解** 如图 2.32.23 所示.

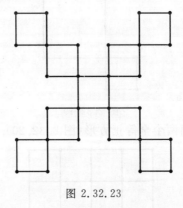

图 2.32.23

## 2.33 数学与国际象棋 I

1.为了占领或进攻所有棋盘方格,需要"王"的最少个数是多少? 为什么?

**解** 我们来证明,我们至少需要 9 个"王".考虑列 a,d,g,它们之间有两列.注意,占领或攻击这些列之一的 1 个"王"不能攻击这些列中的另一列.每列有 8 个方格,我们至少需要 3 个"王"来覆盖它们.于是对 a,d,g 列中的每一列,我们至少需要 3 个"王",总共至少需要 9 个"王".

正如图 2.33.1 所示的,具有 9 个"王"的解存在,因此答案是 9.

图 2.33.1

2.如果棋子是(1)"象";(2)"马";(3)"皇后",为占领或进攻所有方格,最少需要多少个棋子?

**解** (1)8 个"象"就足够了,把这些"象"放在棋盘第 5 行所有方格上就可以看出.为了看出需要 8 个"象",注意,在棋盘边缘有 14 个黑色方格.在黑色方格上的每个"象"至多占领或攻击这些方格中的 4 个方格(白色方格上的"象"只能攻击白色方格).因此我们至少需要黑色方格上的 4 个"象"以占领或攻击这些方格中的全部 14 个方格.类似地,我们至少需要白色方格上的 4 个"象".因此我们至少需要 8 个"象"来占领或攻击所有方格.

(2) 为了看出 12 个"马"就足够了,需要考虑以下两个图(图 2.33.2,图 2.33.3):

```
8 . . . . . . . .        8 o o . . . . . o
7 . N . . . . . .        7 . o . . . . o o
6 . . N N . N N .        6 . . . . . . . .
5 . . . N . . . .        5 . . . . . . . .
4 . . N . . . . .        4 . . . . . . . .
3 . N N . N N . .        3 . . . . . . . .
2 . . . . N . . .        2 o . . . . . o .
1 . . . . . . . .        1 o . . . . . o o
  A B C D E F G H          A B C D E F G H
      图 2.33.2                图 2.33.3
```

图 2.33.2 表示占领或攻击所有方格的 12 个"马".图 2.33.3 表明 12 个方格.容易检验,没有 1 个"马"可以占领或攻击这 12 个方格中的两个方格(或等价地,如果我们把"马"放在这 12 个方格上,那么没有 1 个"马"攻击另 1 个"马",没有 1 个方格被两个"马"攻击).因此需要 12 个"马".

(3) 图 2.33.4 表明 5 个"皇后"就足够了.这显示出,4 个"皇后"不能占领或攻击所有方格的情形已超出本书的范围了.

```
8 . . . . . . . .
7 . . . Q . . . .
6 . . . . . Q . .
5 . . . Q . . . .
4 . Q . . . . . .
3 . . . Q . . . .
2 . . . . . . . .
1 . . . . . . . .
  A B C D E F G H
```

图 2.33.4

3. 在标准的 $8 \times 8$ 棋盘上(棋盘上各个方格是黑色与白色交替的),有 64 个 $1 \times 1$ 方格,49 个 $2 \times 2$ 方格,等等.有多少个这样的方格,其超过一半的面积是黑色的?

**解**　总的方格数是

$$\underbrace{64}_{1\times1}+\underbrace{49}_{2\times2}+\underbrace{36}_{3\times3}+\underbrace{25}_{4\times4}+\underbrace{16}_{5\times5}+\underbrace{9}_{6\times6}+\underbrace{4}_{7\times7}+\underbrace{1}_{8\times8}=204$$

具有偶数边长的所有方格有相等的黑色方格数与白色方格数,因此我们只考虑奇数边长的情形.

在具有奇数边长的方格中，在 1 个隅角上还有 1 个 $1 \times 1$ 有色方格. 因为棋盘是对称的，白色方格数等于黑色方格数，所以我们得出，黑色 $1 \times 1$ 方格数是具有奇数边长的所有方格数的一半

$$\frac{1}{2}(\underbrace{64}_{1\times1} + \underbrace{36}_{3\times3} + \underbrace{16}_{5\times5} + \underbrace{4}_{7\times7}) = 60$$

## 2.34    密码学 Ⅰ

1.

$$
\begin{array}{r}
T\,E\,A\,C\,H \\
+ \quad M\,A\,T\,H \\
\hline
G\,I\,F\,T\,E\,D
\end{array}
$$

**解**    注意，如果我们把同 1 列的两个数相加，例如 $E+M$，那么至多有 1 进位到下一列. 因为 $\overline{GIFTED}$ 是六位数，它是五位数 $\overline{TEACH}$ 与四位数 $\overline{MATH}$ 之和，所以我们可以说 $G=1, T=9, I=0$. 又在一列中两个 $A$ 相加得 $T=9$. 唯一的可能性是 $A=4$. 在个位列中，两个 $H$ 相加得 $D$. 从所有剩下的数字中，$H$ 可能是 $3, 6, 8$. 如果 $H=3$，那么 $D=6, C$ 的唯一可能性是 $C=8$. 从而 $E=7$，剩下的数字是 2 与 5，我们可以指定 $M=5, F=2$. 由此给出所要求的解

$$
\begin{array}{r}
9\,7\,4\,8\,3 \\
+ \quad 5\,4\,9\,3 \\
\hline
1\,0\,2\,9\,7\,6
\end{array}
$$

2.

$$
\begin{array}{r}
B\,A\,S\,E \\
+ \quad B\,A\,L\,L \\
\hline
G\,A\,M\,E\,S
\end{array}
$$

**解**    因为 $\overline{BASE} + \overline{BALL} \leqslant 2 \cdot 9\,999 = 19\,998$，所以我们一定有 $G=1$. 由个位列与十位列，我们看出 $L=5, S=E+5$（如果在个位列实现进位，那么有 $E+L=S+10, S+L+1=E$ 或 $E+10$. 但是第 1 个方程将使 $E+S+L$ 是偶数，第 2 个方程使它是奇数. 如果没有这样的进位，那么得 $E+L=S, S+L=E+2L=E+10$，从而 $L=5$）. 由此知，十位列进位，于是 $M=2A+1$ 或 $2A-9$. 为了得出五位数和，我们一定有 $B=6, 7$ 或 8. 尝试 $B=6$，得出 $A=2, M=5$，矛盾. 尝试 $B=8$，得出 $A=7$，又给出 $M=5$. 因此我们一定有 $B=7, A=4$，这给出 $M=9$. 于是

$$
\begin{array}{r}
7\,4\,8\,3 \\
+ \quad 7\,4\,5\,5 \\
\hline
1\,4\,9\,3\,8
\end{array}
$$

3.

$$
\begin{array}{r}
F O R T Y \\
T E N \\
+\quad T E N \\
\hline
S I X T Y
\end{array}
$$

**解** 由个位列,我们一定有 $Y+2N=Y$ 或 $Y+10$,从而 $N=0$ 或 $5$,如果 $N=5$,那么我们有个位列进位 $1$,十位列给出 $T+2E+1=T$,$T+10$ 或 $T+20$ 都不可能. 于是一定有 $N=0$,$E=5$. 注意,这给十位列进位 $1$. 因为 $I$ 至少是 $1$,所以我们有 $\overline{SI}-\overline{FO}\geqslant 2$. 于是我们一定给百位列进位 $2$. 其次这要求 $I=1$,$O=9$. 因为我们确定了所有的进位,所以余下各列给出 $R+2T=X+19$,$S=F+1$. 第 $1$ 个方程要求 $R$ 与 $T$ 是 $6,7,8$ 中的两个数,$X$ 至多是 $4$. 从而 $F$ 与 $S$ 一定是相继数 $2$ 与 $3$ 或 $3$ 与 $4$. 特别地,其中 $1$ 个是 $3$,于是 $X$ 一定是 $2$ 或 $4$. 于是方程 $R+2T=X+19$ 表明 $R$ 是奇数,从而 $R=7$,$2T=X+12$. 因此 $T=8$,$X=4$. 于是 $F=2$,$S=3$.

$$
\begin{array}{r}
2\,9\,7\,8\,6 \\
8\,5\,0 \\
+\qquad 8\,5\,0 \\
\hline
3\,1\,4\,8\,6
\end{array}
$$

## 2.35 幻方 I

1. 解答这个幻方(图 2.35.1):

| | 34 | 24 |
|---|---|---|
| | 23 | |
| | 12 | |

图 2.35.1

**解** 这个幻方是(图 2.35.2):

| 11 | 34 | 24 |
|---|---|---|
| 36 | 23 | 10 |
| 22 | 12 | 35 |

图 2.35.2

162 ■ 数学竞赛中的数学：为数学爱好者、父母、教师和教练准备的丰富资源（第一部）

2. 解答这个幻方（图 2.35.3）：

| 1 | 8 | 11 | 14 |
|----|----|----|----|
| 12 |    |    | 7 |
| 6 |    |    | 9 |
| 15 | 10 | 5 | 4 |

图 2.35.3

**解** 这个幻方是（图 2.35.4）

| 1 | 8 | 11 | 14 |
|----|----|----|----|
| 12 | 13 | 2 | 7 |
| 6 | 3 | 16 | 9 |
| 15 | 10 | 5 | 4 |

图 2.35.4

3. 解答这个幻方（图 2.35.5）：

| 1 | 8 | 10 | 15 |
|----|----|----|----|
|    | 13 | 3 |    |
| 7 |    |    |    |
| 14 |    |    | 4 |

图 2.35.5

**解** 这个幻方是（图 2.35.6）：

| 1 | 8 | 10 | 15 |
|----|----|----|----|
| 12 | 13 | 3 | 6 |
| 7 | 2 | 16 | 9 |
| 14 | 11 | 5 | 4 |

图 2.35.6

4.求被直线覆盖的各数之和(图 2.35.7)：

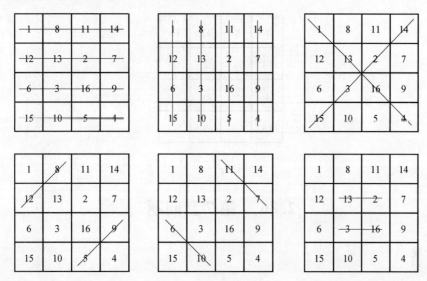

图 2.35.7

你能得出什么结论？

**解**　所有的和等于幻数.

5.求出幻方中有 4 个数的其他一些例子,使这些幻方可以拼成 1 个幻方.

**解**　这里是一些构图,它们能得出幻数(图 2.35.8).

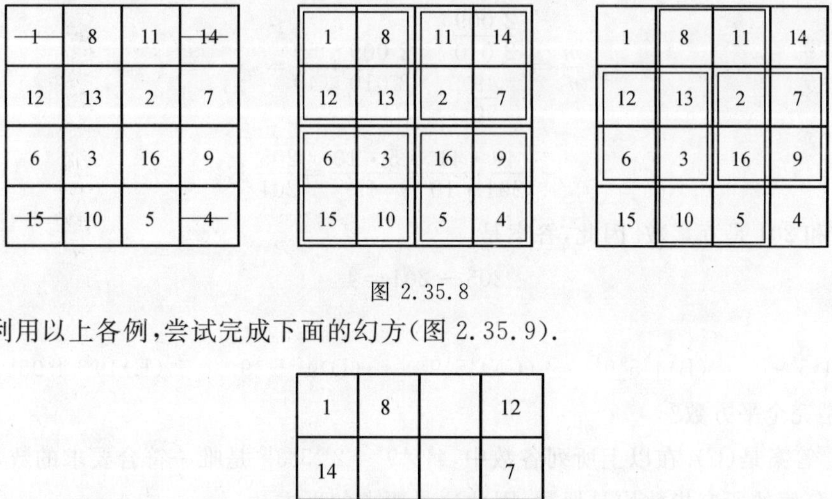

图 2.35.8

6.利用以上各例,尝试完成下面的幻方(图 2.35.9).

| 1 | 8 |  | 12 |
|---|---|---|---|
| 14 |  |  | 7 |
| 4 |  |  | 9 |
| 15 |  | 3 |  |

图 2.35.9

**解** 这个幻方是(图 2.35.10):

| 1 | 8 | 13 | 12 |
|---|---|---|---|
| 14 | 11 | 2 | 7 |
| 4 | 5 | 16 | 9 |
| 15 | 10 | 3 | 6 |

图 2.35.10

## 2.36    第 7 套问题

1. 如果

$$\frac{1-\dfrac{1}{2\,010}}{1-\dfrac{1}{50}}=\frac{m}{n}$$

其中 $m$ 与 $n$ 是没有公因数的正整数,那么 $m-n$ 等于(        ).

(A)1        (B)2        (C)3        (D)4        (E)5

**解**    答案是(D).我们有

$$\frac{m}{n}=\frac{\dfrac{2\,009}{2\,010}}{\dfrac{49}{50}}=\frac{2\,009}{2\,010}\cdot\frac{50}{49}=$$

$$\frac{49\cdot 41}{201\cdot 10}\cdot\frac{5\cdot 10}{49}=\frac{205}{201}$$

其中 205 和 201 是互素数.因此,答案是

$$205-201=4$$

2. 数

(A)$4^4 5^5 9^9$        (B)$4^5 5^9 9^4$        (C)$4^9 5^4 9^5$        (D)$4^{95} 5^{49} 9^{54}$        (E)$49^5 54^9 95^4$

中,哪个是完全平方数?

**解**    答案是(C).在以上所列各数中,$4^9 5^4 9^5=2^{18} 5^4 3^{10}$ 是唯一符合要求的数,因为它的素因数分解的所有指数均是偶数,因此这是要求的平方数.

3. 数 $2x-y,2y-z,2z-x$ 的平均值是 333.则数 $x+\dfrac{y}{3},y+\dfrac{z}{3},z+\dfrac{x}{3}$ 的平均值是(        ).

(A)111        (B)333        (C)555        (D)444        (E)999

**解**    答案是(D).我们有

$$\frac{(2x-y)+(2y-z)+(2z-x)}{3}=333$$

于是

$$x+y+z=999$$

因此

$$\frac{\left(x+\frac{y}{3}\right)+\left(y+\frac{z}{3}\right)+\left(z+\frac{x}{3}\right)}{3}=$$

$$\frac{(3x+y)+(3y+z)+(3z+x)}{9}=$$

$$4\frac{x+y+z}{9}=4\cdot\frac{999}{9}=444$$

4.如果 $5^{32}32^5$ 写成十进制数,那么它的数字和是(    ).

(A)5    (B)23    (C)32    (D)35    (E)53

**解**    答案是(B).因为 $32^5=(2^5)^5=2^{25}$,$5^{32}=5^7 5^{25}$,所以已知数可以写成

$$5^7\cdot(5\cdot2)^{25}=78\ 125\cdot10^{25}=78125\underbrace{00\cdots0}_{25个0}$$

对十进制表示,数字和是

$$7+8+1+2+5=23$$

5.在不大于 2 010 的正整数中有多少个数,使每个数只包含数字 0,1,2?(不允许首位数字为 0) (    ).

(A)60    (B)62    (C)64    (D)66    (E)6

**解**    答案是(A).有4个三位数包含数字 0,1,2,即 102,120,201,210.为了得出具有已知性质的四位数,我们考虑 1a02,10b2,102c,1x20,12y0,120z,正如 2 001,2 010 这样的数(所有其他的数都大于 2 010).每个数字 $a,b,c,x,y,z$ 可以取 10 个可能值,但是我们应该避免重复计算.重复计算两次的数是 1 002($a=b=0$),1 020($c=x=0$),1 022($b=c=2$),1 200($y=z=0$),1 202($a=z=2$),1 220($x=y=2$).因此答案是 $4+60+2-6=60$.

6.集合 $A$ 由小于 100 的 7 个相继正整数组成,而集合 $B$ 由 11 个相继正整数组成.如果 $A$ 中各数之和等于 $B$ 中各数之和,那么 $A$ 可以包含的最大可能数是(    ).

(A)91    (B)93    (C)95    (D)97    (E)99

**解**    答案是(A).令 $A$ 中的数是 $n-3,n-2,n-1,n,n+1,n+2,n+3$,$B$ 中的数是 $k-5,k-4,\cdots,k-1,k,k+1,\cdots,k+4,k+5$.$A$ 中各数之和是 $7n$,$B$ 中各数之和是 $11k$.因此本题条件蕴涵 $7n=11k$,于是 $n=11a,k=7b$,其中 $a$ 与 $b$ 是某些正整数.因为 $n+3<100$,所以我们有 $11a<97$,于是 $a\leqslant8$.因此,本题的最大值在 $a=8$ 时达到

$$n+3=11\cdot8+3=91$$

7. 数 $N = \dfrac{2\,010! + 2\,009!}{2\,008!}$ 是整数. 则 $N$ 的正因数的个数是(    ).

(A)4    (B)6    (C)12    (D)24    (E)36

**解**    答案是(C). 由题设知

$$N = \frac{2\,010 \cdot 2\,009! + 2\,009!}{2\,008!} = \frac{(2\,010 + 1)2\,009!}{2\,008!} =$$

$$\frac{2\,011 \cdot 2\,009 \cdot 2\,008!}{2\,008!} = 2\,011 \cdot 2\,009 =$$

$$7^2 \cdot 41 \cdot 2\,011$$

其中数 $7, 41, 2\,011$ 是素数. 因此, 数 $N$ 有

$$(2+1)(1+1)(1+1) = 12$$

个因数.

8. 在和

$$S = 1 + 2 + 3 - 4 - 5 + 6 + 7 + 8 - 9 - 10 + \cdots + 100$$

中, 每 3 个相继符号"+"后面有两个相继符号"−". 则 $S$ 等于(    ).

(A)932    (B)937    (C)942    (D)947    (E)890

**解**    答案是(E). 我们有

$$S = (1 + 2 + 3 - 4 - 5) + (6 + 7 + 8 - 9 - 10) + \cdots + (96 + 97 + 98 - 99 - 100)$$

其中有 20 组, 每组包含 5 项. 每组比前 1 组大 $5 + 5 + 5 - 5 - 5 = 5$. 第 1 组各项相加得 $-3$, 因此和是

$$20(-3) + 5(1 + 2 + \cdots + 19) = -60 + 5 \cdot \frac{19 \cdot 20}{2} = -60 + 950 = 890$$

9. 如果投 3 个骰子, 那么得到点数和至少为 5 点的概率是(    ).

(A) $\dfrac{2}{3}$    (B) $\dfrac{8}{9}$    (C) $\dfrac{17}{18}$    (D) $\dfrac{35}{36}$    (E) $\dfrac{53}{54}$

**解**    答案是(E). 有 $6 \cdot 6 \cdot 6 = 216$ 个可能结果. 只有 4 个不适合的结果(和小于 5): $1-1-1, 1-1-2, 1-2-1, 2-1-1$. 因此, 概率是

$$1 - \frac{4}{216} = \frac{216 - 4}{216} = \frac{212}{216} = \frac{53}{54}$$

10. 为使 $m^2 - n^2 = 2\,012$, 不同正整数对 $(m, n)$ 的个数是(    ).

(A)0    (B)1    (C)2    (D)3    (E)4

**解**    答案是(B). 因为 $(m - n) + (m + n) = 2m$ 是偶数, 所以 $m - n$ 与 $m + n$ 都是偶数或都是奇数. 但它们不能是奇数, 因为

$$(m - n)(m + n) = 2\,012$$

是偶数. 从而对某些正整数 $a$ 与 $b$, $m - n = 2a$, $m + n = 2b$. 由此得 $(2a)(2b) = 2\,012$, 这蕴涵

$ab = 503$ 是素数. 因此 $a = 1, b = 503$, 由此得出唯一的 1 对解

$$(m, n) = (504, 502)$$

11. 201 个相继整数之和是 2 010. 则这些整数中的最大数是(　　).

(A)10　　(B)20　　(C)110　　(D)210　　(E)2 010

**解**　答案是(C). 令 201 个相继整数是 $n - 100, n - 99, \cdots, n - 1, n, n + 1, \cdots, n + 99,$ $n + 100$. 它们之和是 $201n$. 于是 $201n = 2\,010$, 因此 $n = 10$. 所以这些正整数中的最大数是 $n + 100 = 10 + 100 = 110$.

12. 令 $a, b, c, d$ 是实数, 使 $a + b + c + d = 2\,010$. 如果 $a + 2b = 20, b + 2c = 10, c + 2d = 201$, 那么 $d + 2a$ 等于(　　).

(A)5 799　　(B)5 789　　(C)7 895　　(D)8 957　　(E)9 578

**解**　答案是(A). 令 $d + 2a = x$, 则

$$20 + 10 + 201 + x = (a + 2b) + (b + 2c) + (c + 2d) + (d + 2a) =$$
$$3(a + b + c + d) = 3 \cdot 2\,010 = 6\,030$$

因此 $x = 6\,030 - 231 = 5\,799$.

13. 乘积

$$\left(1 + \frac{3}{4}\right) \cdot \left(1 + \frac{3}{5}\right) \cdot \cdots \cdot \left(1 + \frac{3}{98}\right)$$

等于(　　).

(A)8 332.5　　(B)8 337.5　　(C)8 342.5　　(D)8 347.5　　(E)8 352.5

**解**　答案是(A). 乘积等于

$$\frac{7}{4} \cdot \frac{8}{5} \cdot \frac{9}{6} \cdot \cdots \cdot \frac{99}{96} \cdot \frac{100}{97} \cdot \frac{101}{98}$$

化简后, 分子中"经得住考验"的因数是 99, 100, 101, 分母中"经得住考验"的因数是 4, 5, 6. 因此, 乘积等于

$$\frac{99 \cdot 100 \cdot 101}{4 \cdot 5 \cdot 6} = \frac{33\,330}{4} = 8\,332.5$$

14. 为使 $9n + 16$ 与 $16n + 9$ 都是完全平方数, 则整数 $n$ 的个数是(　　).

(A)0　　(B)1　　(C)2　　(D)3　　(E) 无限多

**解**　答案是(D). 对某些非负整数 $a$ 与 $b$, 令 $9n + 16 = a^2, 16n + 9 = b^2$, 则 $16a^2 - 9b^2 = 16^2 - 9^2$, 从而 $(4a - 3b)(4a + 3b) = 7 \cdot 25$. 因为 $4a - 3b \leqslant 4a + 3b$, 所以仅有的选择是:

(1) $4a - 3b = 1, 4a + 3b = 175$, 得出 $8a = 176, n = 52$.

(2) $4a - 3b = 5, 4a + 3b = 35$, 得出 $8a = 40, n = 1$.

(3) $4a - 3b = 7, 4a + 3b = 25$, 得出 $8a = 32, n = 0$.

## 2.37　牙签数学 Ⅱ

1.用 10 支牙签排成图 2.37.1 所示的房屋.只移动 2 支牙签,把房屋的另一面朝向我们

图 2.37.1

**解**　如图 2.37.2 所示.

图 2.37.2

2.移动 4 支牙签,得出 3 个全等正方形(图 2.37.3).

图 2.37.3

**解**　如图 2.37.4 所示.

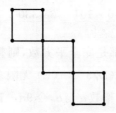

图 2.37.4

3.除去 8 支牙签,得出 6 个正方形(图 2.37.5).

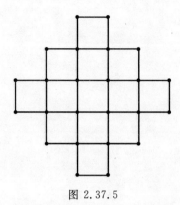

图 2.37.5

**解**　如图 2.37.6 所示.

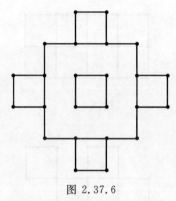

图 2.37.6

4. 除去 4 支牙签,得出 8 个全等正方形(图 2.37.7).

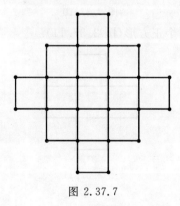

图 2.37.7

**解**　如图 2.37.8 所示.

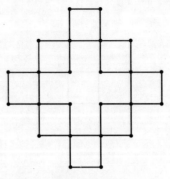

图 2.37.8

5.除去 6 支牙签,得出 4 个正方形(图 2.37.9).

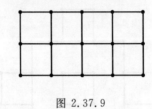

图 2.37.9

**解**　如图 2.37.10 所示.

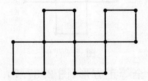

图 2.37.10

6.移动 6 支牙签,得出 3 个正方形(图 2.37.11).

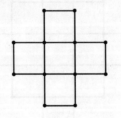

图 2.37.11

**解**　如图 2.37.12 所示.

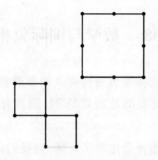

图 2.37.12

7.用 16 支牙签摆成 4 个正方形(图 2.37.13).利用这 16 支牙签摆成 5 个正方形.

图 2.37.13

**解**　如图 2.37.14 所示.

图 2.37.14

8.除去 28 支牙签,得出 4 个全等正方形(图 2.37.15).

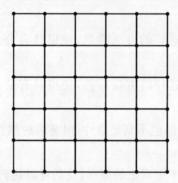

图 2.37.15

**解**　如图 2.37.16 所示.

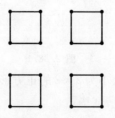

图 2.37.16

## 2.38　数学与国际象棋 II

1.在国际象棋比赛中,每位参赛者与所有其他参赛者比赛 1 次.在比赛结束时,指挥员与许多参赛者各比赛 1 次.比赛的总场数是 80.则共有多少名参赛者参加了这次国际象棋比赛?

**解**　设有 $n$ 位参赛者与指挥员比赛了 $k$ 场,则我们需要解以下方程

$$\frac{n(n-1)}{2}+k=80$$

其条件是 $k\leqslant n$.由推测,我们注意到,可能解只有 $n=13,k=2$.如果 $n\leqslant 12$,那么 $\frac{11\cdot 12}{2}+k\geqslant 80$ 表示 $k\geqslant 14$,这不可能,因为 $k\leqslant n$.如果 $n>14$,那么 $\frac{n(n-1)}{2}\geqslant\frac{14\cdot 13}{2}=85$,这也不可能,因为只有 80 场比赛.

2.棋子"卒"放在 $10\times 10$ 棋盘的对角线上.每"移动 1 步"由两个"卒"移动到下 1 个方格组成.则所有的"卒"最后能不能移到最底层方格?

**解**　为了得到所有"卒"移到最底层方格,我们必须作 $1+2+\cdots+9=45$ 次移动.因为移动是成对进行的,所以移动总数总是偶数,因此我们不能把所有"卒"移动到最底层方格.

3.考虑 1 个正规棋盘.

(1)为了给 64 个方格用这样的方法涂色,使得具有公共边的相邻区域没有相同颜色,则至少需要多少种颜色?

(2)为了给 64 个方格用这样的方法涂色,使得具有公共点的相邻区域没有相同颜色,则至少需要多少种颜色?

**解**　(1)显然,只有 1 种颜色不满足条件,但是两种颜色就足够了(只需考虑将棋盘涂成黑色和白色即可).

(2)正如我们在图 2.38.1 中看出的那样,我们可以达到我们的目的:

$$
\begin{array}{cccccc}
1 & 2 & 1 & 2 & 1 & 2 \\
3 & 4 & 3 & 4 & 3 & 4 \\
1 & 2 & \cdots & & & \\
\cdots & & & & &
\end{array}
$$

图 2.38.1

为了证明 4 是最小值,考虑大小为 $2\times 2$ 的正方形.4 个方格中任何两个方格包含 1 个公共顶点,因此至少需要 4 种颜色,证毕.

4.在 $9\times 9$ 棋盘的每个方格上有一只蝴蝶.当我拍手 1 次时,每只蝴蝶向上飞,落在它

相邻的区域之一,此区域与蝴蝶之前所在区域有公共边.一个区域可能有不止一只蝴蝶.证明:在有限次拍手后,有 1 个区域上没有一只蝴蝶.

**证**　我们给棋盘涂上白色与黑色,从而有 41 个黑色方格与 40 个白色方格.离开黑色方格的所有蝴蝶将落在白色方格上,离开白色方格的所有蝴蝶将落在黑色方格上.当 40 只蝴蝶离开 40 个白色方格时,有 41 个黑色方格,于是至少有 1 个黑色方格未被占领.

5.两名参赛者轮流把棋子"车"放在棋盘上,以致它们不会互相攻击.不能把"车"放在棋盘上的参赛者就输了,则哪个参赛者有得胜策略?

**解**　第 2 个参赛者有得胜策略.注意,每移动 1 步后,可以放"车"的竖直线与水平线的条数减少 1 条.因此游戏将由 8 次移动组成,第 2 个参加者将作最后 1 次移动.

6.把棋子"马"放在 $8 \times 8$ 棋盘上的隅角.为了使"马"到达相对隅角,则移动的最少次数是多少?

**解**　最少的移动次数是 6,可能的序列如图 2.38.2 所示.

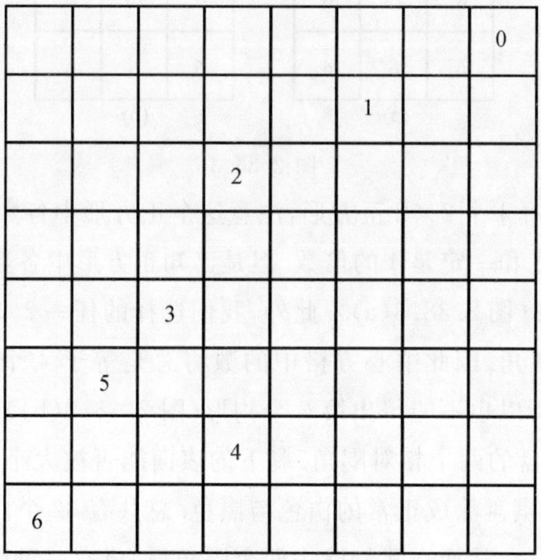

图 2.38.2

把这个正方形看作涂上黑色与白色的正规棋盘."马"每次移动,它都改变颜色.因为两个相对隅角有相同颜色,所以这表示移动次数是偶数.于是 5 不符合条件.还要检验 4 是否可能."马"的移动由水平移动两次与竖直移动 1 次组成,从而总共移动 3 个方格.在14 次移动中,"马"总共移动 12 个方格,而两个隅角的距离是 14(7 个水平方格与 7 个竖直方格).因此不计算 4 或更小的数.于是 6 是"马"越过各方格的最小移动次数.

7.在 $7 \times 7$ 的棋盘上将各方格随机地从 1 到 49 编号.求每行的和与每列的和.在这 14 个和以外,令 $a$ 是奇数和的个数,$b$ 是偶数和的个数.有没有使 $a = b$ 这样的编号?

**解**　答案是没有.设 $a = b$,则 $a = b = 7$.令 $S$ 是棋盘上所有数之和,$l_1, l_2, \cdots, l_7$ 和 $c_1$,

$c_2, \cdots, c_7$ 分别是每条直线和每列上的元素之和.

因此 $2S = l_1 + \cdots + l_7 + c_1 + \cdots + c_7$. 因为右边恰有 7 项是奇数,所以整个和是奇数,这意味着 $2S$ 是奇数,矛盾.

8. 在 $8 \times 8$ 棋盘的 64 个方格上写数 $-1, 0$ 或 1 中任何一数. 有没有这样的写法,使每行的和,每列的和,每条对角线的和不同?

**解** 答案是没有. 18 个和(对应行有 8 个,对应列有 8 个,对应的对角线有 2 个)在集合 $\{-8, -7, \cdots, -1, 0, 1, 2, \cdots, 8\}$ 中,共 17 个元素. 由鸽笼原理,这些和中有两个和将相等,证毕.

9. 把 0 放在 $3 \times 3$ 棋盘的每个方格上,选择 1 个大小为 $2 \times 2$ 的正方形,使这 4 个方格中每个方格的数增加 1. 利用这个过程,我们能得出以下两个构形吗? (图 2.38.3)

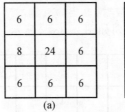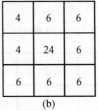

| 6 | 6 | 6 |
|---|---|---|
| 8 | 24 | 6 |
| 6 | 6 | 6 |
(a)

| 4 | 6 | 6 |
|---|---|---|
| 4 | 24 | 6 |
| 6 | 6 | 6 |
(b)

图 2.38.3

**解** 我们每次选择 1 个 $2 \times 2$ 正方形,注意这个正方形中各数之和总共增加 4. 因此,这个棋盘上所有各数之和一定是 4 的倍数. 但是已知正方形中各数之和不是 4 的倍数,因此不能得出第 1 个构形(图 2.38.3(a)). 此外,我们选择的任一 $2 \times 2$ 正方形将包含原来棋盘的中心方格与 1 个隔角. 因此中心方格中的数将总是等于 4 个隔角上各数之和. 因为 $24 \neq 4 + 6 + 6 + 6$,所以也不能得出第 2 个构形(图 2.38.3(b)).

10. 除去 $8 \times 8$ 棋盘的两个相对隔角. 剩下的表面能否被大小为 $2 \times 1$ 的矩形覆盖?

**解** 我们把原来棋盘涂成正常的白色与黑色. 总共有 32 个白色方格和 32 个黑色方格. 相对隔角有相同颜色,从而在我们除去两个隔角后,将有一种颜色的 30 个方格和另一种颜色的 32 个方格. 大小为 $2 \times 1$ 的矩形恰好覆盖了 1 个白色方格和 1 个黑色方格. 在利用了 30 个矩形后(没有重叠),30 个白色方格和 30 个黑色方格被覆盖了,留下两个黑色方格未被利用,因此它们不能被已知大小的矩形覆盖,解毕.

11. 从 $8 \times 8$ 棋盘上除去 1 个白色方格和 1 个黑色方格. 证明:剩下的表面能被大小为 $2 \times 1$ 的矩形覆盖.

**证** 我们可以用循环方式安排棋盘的方格,其中从左下方格 A1 开始,继续向左到 A8,然后我们的路线越过剩下的 7 列(向右到 H8,一直到 H7,向左到 B7,一直到 B6,向右到 H6,等等. 最后向左到 B1,回到 A1). 每一步越过相邻方格的公共边,我们只经过所有方格 1 次,就回到了起点. 注意,我们可以选择任一方格为起点方格,并且本质上跟着发生相同的循环. 现设我们除去 1 个白色方格和 1 个黑色方格,则把这个循环分为两条路线(如果除去的两个方格是我们循环上相邻的方格,那么这两条路线中的 1 条是空的).每条路线的 1 个端点在白色方格上(与被除去的黑色方格相邻),1 个端点在黑色方格上(与被除去的白色方格相邻).因此每条路线有偶数个方格,我们可以用大小为 $2 \times 1$ 的矩形覆盖每条路线.而这覆盖了整个棋盘,除了具有矩形的被除去的方格以外.

12. 将一个正规棋盘的各方格随机地从 1 到 64 编号.证明:存在具有一条公共边的两个方格,使它们的编号之差至少是 5.

**证** 棋子"车"从 1 个方格越过公共边到相邻的方格叫作移动 1 步(在国际象棋中,"车"在移动 1 次中可以走多步,但是我们将测量"车"各步路程的长,而不是移动长度).我们首先求 1 与 64 的位置.考虑"车"在包含数 1 与 64 的方格之间的任何一条路线.在 1 与 64 占用相对隅角时,此路线最长,这时"车"必须移动 14 步才能从 1 走到 64.如果相邻方格数的差至多是 4,那么在 1 与 64 之间的差至多是 $4 \cdot 14 = 56$,矛盾.

## 2.39 密码学 Ⅱ

1.

$$
\begin{array}{r}
X X \\
Y Y \\
+\ Z Z \\
\hline
X Y Z
\end{array}
$$

**解** 看个位列,我们看出 $X + Y = 10$.因为这给十位列进位 1,这列给出 $X + Z = 9$,向十位列进位 1.于是最后一列给出 $X = 1$,向后解给出 $Z = 8$,$Y = 9$.因此

$$
\begin{array}{r}
1\ 1 \\
9\ 9 \\
+\ 8\ 8 \\
\hline
1\ 9\ 8
\end{array}
$$

2.

$$
\begin{array}{r}
F I V E \\
+ F I V E \\
\hline
E V E N
\end{array}
$$

**解** 比较十位列与千位列,我们看出 $F$ 与 $V$ 一定相差 5,个位列与百位列的进位一定相同(从而 $E$ 与 $I$ 二者至多是 4 或至少是 5).因为千位列不能进位,所以我们一定有 $V = F + 5$.从而我们得出十位列进位 1,由此证明百位列一定是奇数.因此,或者 $V = 7$,$F = 2$,或者 $V = 9$,$F = 4$.第 1 种选择给出 $E = 4$ 或 5.如果 $E = 4$,那么得 $N = 8$,$I = 3$,解是 $2\ 374 + 2\ 374 = 4\ 748$.如果 $E = 5$,那么得 $N = 0$,$I = 8$,解是 $2\ 875 + 2\ 875 = 5\ 750$.第 2 种选择无

解,因为可迅速得出 $E=9=V$. 因此,得

$$\begin{array}{r} 2\,3\,7\,4 \\ +\,2\,3\,7\,4 \\ \hline 4\,7\,4\,8 \end{array}$$

与

$$\begin{array}{r} 2\,8\,7\,5 \\ +\,2\,8\,7\,5 \\ \hline 5\,7\,5\,0 \end{array}$$

3.

$$\begin{array}{r} ZEROES \\ +\quad ONES \\ \hline BINARY \end{array}$$

**解**  我们在千位列至多进位 1,从而 $\overline{BI}-\overline{ZE}\leqslant 1$. 因为这些数字是不同的,所以进位一定是 1,我们一定有 $I=0,E=9,B=Z+1$. 然后由十位列看出一定有 $R=8$,在个位列没有进位. 从而 $Y=2S$. 在十位列有进位 1,于是百位列有 $O+N+1=A$ 或 $O+N=A+9$.

在第 1 种情形下,千位列没有进位,从而千位列给出 $O=N+2$,我们计算 $A=2N+3$. 于是 $N=1$ 或 2. 由此,第 1 种情形给出 $N=1,A=5,O=3$. 因为 $Z$ 与 $B$ 是相继数,所以得 $Z=6,B=7$. 因为 $Y=2S$,所以得 $Y=4,S=2$,解是 $698\,392+3\,192=701\,584$. 如果 $N=2$,那么得 $A=7,O=4$. 但是这对相继数 $Z$ 与 $B$ 只留下 5 与 6,对解 $Y=2S$ 只留下 $S=3,Y=6$.

在第 2 种情形下,百位列进位 1,从而千位列给出 $O=N+1$,我们计算 $A=2N-8$. 于是 $N=5$ 或 6. 如果 $N=5$,那么 $A=2,O=6$,没有机会留给 $Y=2S$. 如果 $N=6$,那么 $A=4$,$O=7$,这对 $Y=2S$ 只留下 $S=1,Y=2$. 但此时留下两个数 3 与 5,使 $Z$ 与 $B$ 一定不是相继数. 因此这种情形无解. 于是

$$\begin{array}{r} 6\,9\,8\,3\,9\,2 \\ +\quad 3\,1\,9\,2 \\ \hline 7\,0\,1\,5\,8\,4 \end{array}$$

4.

$$\begin{array}{r} ONE \\ TWO \\ TWO \\ THREE \\ +\quad THREE \\ \hline ELEVEN \end{array}$$

**解**  5 个数之和至多给出

$$2\cdot 98\,755+2\cdot 946+635=200\,037$$

从而我们一定有 $E=1$. 个位列表明 $N$ 是奇数. 看十位列,我们看出个位列的进位一定是偶

数.因为

$$2O+3E=2O+3\leqslant 21<20+N$$

所以进位一定是 $O$.从而 $N=2O+3$.这给出两种可能性,或者 $O=2$,$N=7$,或者 $O=3$,$N=9$.我们这里只分析第 2 种情形.第 1 种情形是类似的,但是无解.在这种情形下,十位列给出 $W=0$ 或 5,我们只分析第 1 种情形(因为第 2 种情形是类似的,但是无解).从千位列看出百位列进位一定是奇数.从而它一定是 1 或 3.这给出 $2R+2T=V+6$ 或 $2R+2T=V+26$.在第 1 种情形下,我们看出 $T\leqslant 7$,$H=5$,由万位列得出 $2T=L+9$,$T\geqslant 5$.因为 5 不适合,所以得 $T=6(L=3=O)$ 或 $T=7(L=5=H)$,但这二者都不成立.在第 2 种情形下,我们看出 $H=4$.因为 $R+T\leqslant 15$,所以看出 $V\leqslant 4$ 是偶数.从而 $V=2$,$R+T=14$.于是 $R$ 与 $T$ 以某顺序是 6 与 8.但是 $T=6$ 给出 $L=3=O$,于是一定有 $T=8$,$R=6$,$L=7$.这给出解 $391+803+803+84\,611+84\,611=171\,219$.

# 2.40　幻方 II

1.利用方法 1 的技巧作出 5 阶幻方.

**解**　这个幻方是(图 2.40.1):

| 17 | 24 | 1  | 8  | 15 |
|----|----|----|----|----|
| 23 | 5  | 7  | 14 | 16 |
| 4  | 6  | 13 | 20 | 22 |
| 10 | 12 | 19 | 21 | 3  |
| 11 | 18 | 25 | 2  | 9  |

图 2.40.1

2.利用方法 1 的技巧作出 9 阶幻方.

**解**　这个幻方是(图 2.40.2):

| 47 | 58 | 69 | 80 | 1 | 12 | 23 | 34 | 45 |
|----|----|----|----|----|----|----|----|----|
| 57 | 68 | 79 | 9 | 11 | 22 | 33 | 44 | 46 |
| 67 | 78 | 8 | 10 | 21 | 32 | 43 | 54 | 56 |
| 77 | 7 | 18 | 20 | 31 | 42 | 53 | 55 | 66 |
| 6 | 17 | 19 | 30 | 41 | 52 | 63 | 65 | 76 |
| 16 | 27 | 29 | 40 | 51 | 62 | 64 | 75 | 5 |
| 26 | 28 | 39 | 50 | 61 | 72 | 74 | 4 | 15 |
| 36 | 38 | 49 | 60 | 71 | 73 | 3 | 14 | 25 |
| 37 | 48 | 59 | 70 | 81 | 2 | 13 | 24 | 35 |

图 2.40.2

3. 利用方法 2 的技巧作出 7 阶幻方.

**解** 从图 2.40.3 开始,我们得图 2.10.4.

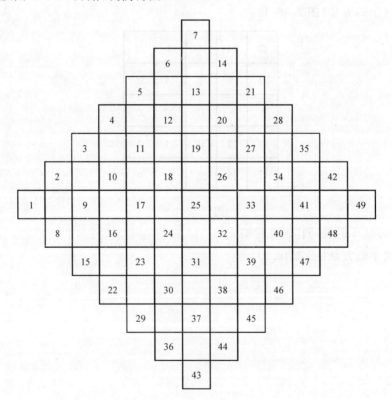

图 2.40.3

| 4 | 29 | 12 | 37 | 20 | 45 | 28 |
| 35 | 11 | 36 | 19 | 44 | 27 | 3 |
| 10 | 42 | 18 | 43 | 26 | 2 | 34 |
| 41 | 17 | 49 | 25 | 1 | 33 | 9 |
| 16 | 48 | 24 | 7 | 32 | 8 | 40 |
| 47 | 23 | 6 | 31 | 14 | 39 | 15 |
| 22 | 5 | 30 | 13 | 38 | 21 | 46 |

图 2.40.4

4. 完成以下乘法幻方(图 2.40.5).

| 1 | 6 | 20 | 56 |
|  | 28 | 2 | 3 |
| 14 |  |  | 4 |
|  | 8 |  |  |

图 2.40.5

**解**　这个幻方是(图 2.40.6)：

| 1 | 6 | 20 | 56 |
|---|---|---|---|
| 40 | 28 | 2 | 3 |
| 14 | 5 | 24 | 4 |
| 12 | 8 | 7 | 10 |

图 2.40.6

5. 考虑以下幻方(图 2.40.7).

| 5 | 22 | 18 |
|---|----|----|
| 28 | 15 | 2 |
| 12 | 8 | 25 |

图 2.40.7

计算每个数的字母数(例如 5 即 five,有 4 个字母),把原数换为字母数(例如,新幻方把 4 代替 5,9 代替 22).你看到了什么?

**解**　结果实际上是幻方!(图 2.40.8)

| 5 | 22 | 18 |
|---|----|----|
| 28 | 15 | 2 |
| 12 | 8 | 25 |

| five | twenty two | eighteen |
|------|-----------|----------|
| twenty eight | fifteen | two |
| twelve | eight | twenty five |

| 4 | 9 | 8 |
|---|---|---|
| 11 | 7 | 3 |
| 6 | 5 | 10 |

图 2.40.8

# 2.41　第 8 套问题

1. 化简

$$\frac{1-\dfrac{1}{2\,010}}{\left(5+\dfrac{1}{8}\right)\left(6+\dfrac{1}{8}\right)}$$

**解**　分数变为

$$\frac{\dfrac{2\,009}{2\,010}}{\dfrac{41}{8}\cdot\dfrac{49}{8}}=\frac{2\,009\cdot64}{2\,009\cdot2\,010}=\frac{32}{1\,005}$$

2. 利用 10 个数字每 1 个恰好 1 次,组成两个五位数,使它们之差尽可能大.

**解**　$98\,765-10\,234=88\,531$.

3. 下表是小于 1 000 的素数表:

| | | | | | | | | |
|---|---|---|---|---|---|---|---|---|
| 2 | 3 | 5 | 7 | 11 | 13 | 17 | 19 | 23 |
| 29 | 31 | 37 | 41 | 43 | 47 | 53 | 59 | 61 | 67 |
| 71 | 73 | 79 | 83 | 89 | 97 | 101 | 103 | 107 | 109 |
| 113 | 127 | 131 | 137 | 139 | 149 | 151 | 157 | 163 | 167 |
| 173 | 179 | 181 | 191 | 193 | 197 | 199 | 211 | 223 | 227 |
| 229 | 233 | 239 | 241 | 251 | 257 | 263 | 269 | 271 | 277 |
| 281 | 283 | 293 | 307 | 311 | 313 | 317 | 331 | 337 | 347 |
| 349 | 353 | 359 | 367 | 373 | 379 | 383 | 389 | 397 | 401 |
| 409 | 419 | 421 | 431 | 433 | 439 | 443 | 449 | 457 | 461 |
| 463 | 467 | 479 | 487 | 491 | 499 | 503 | 509 | 521 | 523 |
| 541 | 547 | 557 | 563 | 569 | 571 | 577 | 587 | 593 | 599 |
| 601 | 607 | 613 | 617 | 619 | 631 | 641 | 643 | 647 | 653 |
| 659 | 661 | 673 | 677 | 683 | 691 | 701 | 709 | 719 | 727 |
| 733 | 739 | 743 | 751 | 757 | 761 | 769 | 773 | 787 | 797 |
| 809 | 811 | 821 | 823 | 827 | 829 | 839 | 853 | 857 | 859 |
| 863 | 877 | 881 | 883 | 887 | 907 | 911 | 919 | 929 | 937 |
| 941 | 947 | 953 | 967 | 971 | 977 | 983 | 991 | 997 | |

有没有 3 个不同数字 $a,b,c$,使 $\overline{abc}$,$\overline{bca}$,$\overline{cab}$ 都是素数?

**解**　有,例如 $7,1,9$. 实际上,数 $719,197,971$ 都是素数. 穷举搜索证明这是唯一的解.

4. 如果我们投 3 个骰子,求得出点数和至少为 6 的概率.

**解**　在 216 种可能性中,只有 10 种不利的可能性:$1-1-1,1-1-2,1-2-1,$ $2-1-1,1-1-3,1-3-1,3-1-1,1-2-2,2-1-2,2-2-1$. 因此概率是
$$\frac{206}{216}=\frac{103}{108}.$$

5. 证明:在 49 名学生中,至少有 5 名出生在同一个月.

**证**　如果在 12 月中每个月至多出生 4 名学生,那么学生总数至多是 $12\cdot4=48<$ $49$,矛盾.因此得出结论.

6.考虑表格

$$1 \quad 2$$
$$3 \quad 4 \quad 5 \quad 6$$
$$7 \quad 8 \quad 9 \quad 10 \quad 11 \quad 12$$
$$13 \quad 14 \quad 15 \quad 16 \quad 17 \quad 18 \quad 19 \quad 20$$
$$\cdots \quad \cdots \quad \cdots \quad \cdots \quad \cdots \quad \cdots \quad \cdots \quad \cdots \quad \cdots$$

包含 2 010 的那一行的行数是多少?

**解** 第1行有 $2 \cdot 1$ 个数,第2行有 $2 \cdot 2$ 个数,……,第 $n$ 行有 $2 \cdot n$ 个数,总共有 $2(1 + 2 + \cdots + n) = n(n+1)$ 个数.使 $n(n+1) < 2\ 010$ 的最大 $n$ 是 44,因此 2 010 包含在第 45 行中.

7.如果 $3a - 4b = 5, 6b - 7c = 8, 9c - 10d = 11, 12d - a = 13$,求 $a + b + c + d$.

**解** 把这 4 个已知等式相加,我们得

$$2(a + b + c + d) = 37$$

因此 $a + b + c + d = 18.5$.

8.求最大数,使得如果我们除去它的小数部分,那么得出的整数等于原数的 $\frac{5}{6}$.

**解** 令 $\lfloor x \rfloor$ 与 $\{x\}$ 分别为 $x$ 的整数部分与小数部分.我们有 $x = \lfloor x \rfloor + \{x\}, \lfloor x \rfloor = \frac{5}{6}(\lfloor x \rfloor + \{x\})$.化简得 $6\lfloor x \rfloor = 5\lfloor x \rfloor + 5\{x\}$ 或 $\lfloor x \rfloor = 5\{x\}$.由此得 $\{x\} = 0, 0.2, 0.4, 0.6$ 或 0.8.最大的 $x$ 是对 $\{x\} = 0.8$ 得出的,等于 4.8.

9.$2n^2$ 恰有 28 个不同的正因数,$3n^2$ 恰有 24 个不同的正因数.则 $6n^2$ 有多少个不同的正因数?

**解** 令 $2^{2t_1} \cdot 3^{2t_2} \cdot q_3^{2t_3} \cdot \cdots \cdot q_s^{2t_s}$ 是 $n^2$ 的素因数分解,其中 $t_k \geqslant 0, k = 1, 2, \cdots, s$.则我们有

$$(2t_1 + 2) \cdot (2t_2 + 1) \cdot \cdots \cdot (2t_s + 1) = 28$$

和

$$(2t_1 + 1) \cdot (2t_2 + 2) \cdot \cdots \cdot (2t_s + 1) = 24$$

因为所有其他的项是奇数,所以得 $2t_1 + 2 \geqslant 4, 2t_2 + 2 \geqslant 8$,由此给出 $t_1 = 1, t_2 = 3, (2t_3 + 1) \cdot \cdots \cdot (2t_s + 1) = 1$.因此

$$6n^2 = 2^3 \cdot 3^7$$

所以它有 $(3+1)(7+1) = 32$ 个因数.

# 刘培杰数学工作室
## 已出版(即将出版)图书目录——初等数学

| 书　名 | 出版时间 | 定　价 | 编号 |
|---|---|---|---|
| 新编中学数学解题方法全书(高中版)上卷(第2版) | 2018—08 | 58.00 | 951 |
| 新编中学数学解题方法全书(高中版)中卷(第2版) | 2018—08 | 68.00 | 952 |
| 新编中学数学解题方法全书(高中版)下卷(一)(第2版) | 2018—08 | 58.00 | 953 |
| 新编中学数学解题方法全书(高中版)下卷(二)(第2版) | 2018—08 | 58.00 | 954 |
| 新编中学数学解题方法全书(高中版)下卷(三)(第2版) | 2018—08 | 68.00 | 955 |
| 新编中学数学解题方法全书(初中版)上卷 | 2008—01 | 28.00 | 29 |
| 新编中学数学解题方法全书(初中版)中卷 | 2010—07 | 38.00 | 75 |
| 新编中学数学解题方法全书(高考复习卷) | 2010—01 | 48.00 | 67 |
| 新编中学数学解题方法全书(高考真题卷) | 2010—01 | 38.00 | 62 |
| 新编中学数学解题方法全书(高考精华卷) | 2011—03 | 68.00 | 118 |
| 新编平面解析几何解题方法全书(专题讲座卷) | 2010—01 | 18.00 | 61 |
| 新编中学数学解题方法全书(自主招生卷) | 2013—08 | 88.00 | 261 |
| 数学奥林匹克与数学文化(第一辑) | 2006—05 | 48.00 | 4 |
| 数学奥林匹克与数学文化(第二辑)(竞赛卷) | 2008—01 | 48.00 | 19 |
| 数学奥林匹克与数学文化(第二辑)(文化卷) | 2008—07 | 58.00 | 36' |
| 数学奥林匹克与数学文化(第三辑)(竞赛卷) | 2010—01 | 48.00 | 59 |
| 数学奥林匹克与数学文化(第四辑)(竞赛卷) | 2011—08 | 58.00 | 87 |
| 数学奥林匹克与数学文化(第五辑) | 2015—06 | 98.00 | 370 |
| 世界著名平面几何经典著作钩沉——几何作图专题卷(上) | 2009—06 | 48.00 | 49 |
| 世界著名平面几何经典著作钩沉——几何作图专题卷(下) | 2011—01 | 88.00 | 80 |
| 世界著名平面几何经典著作钩沉(民国平面几何老课本) | 2011—03 | 38.00 | 113 |
| 世界著名平面几何经典著作钩沉(建国初期平面三角老课本) | 2015—08 | 38.00 | 507 |
| 世界著名解析几何经典著作钩沉——平面解析几何卷 | 2014—01 | 38.00 | 264 |
| 世界著名数论经典著作钩沉(算术卷) | 2012—01 | 28.00 | 125 |
| 世界著名数学经典著作钩沉——立体几何卷 | 2011—02 | 28.00 | 88 |
| 世界著名三角学经典著作钩沉(平面三角卷Ⅰ) | 2010—06 | 28.00 | 69 |
| 世界著名三角学经典著作钩沉(平面三角卷Ⅱ) | 2011—01 | 38.00 | 78 |
| 世界著名初等数论经典著作钩沉(理论和实用算术卷) | 2011—07 | 38.00 | 126 |
| 发展你的空间想象力(第2版) | 2019—11 | 68.00 | 1117 |
| 空间想象力进阶 | 2019—05 | 68.00 | 1062 |
| 走向国际数学奥林匹克的平面几何试题诠释. 第1卷 | 2019—07 | 88.00 | 1043 |
| 走向国际数学奥林匹克的平面几何试题诠释. 第2卷 | 2019—09 | 78.00 | 1044 |
| 走向国际数学奥林匹克的平面几何试题诠释. 第3卷 | 2019—01 | 78.00 | 1045 |
| 走向国际数学奥林匹克的平面几何试题诠释. 第4卷 | 2019—09 | 98.00 | 1046 |
| 平面几何证明方法全书 | 2007—08 | 35.00 | 1 |
| 平面几何证明方法全书习题解答(第2版) | 2006—12 | 18.00 | 10 |
| 平面几何天天练上卷·基础篇(直线型) | 2013—01 | 58.00 | 208 |
| 平面几何天天练中卷·基础篇(涉及圆) | 2013—01 | 28.00 | 234 |
| 平面几何天天练下卷·提高篇 | 2013—01 | 58.00 | 237 |
| 平面几何专题研究 | 2013—07 | 98.00 | 258 |

# 刘培杰数学工作室
## 已出版(即将出版)图书目录——初等数学

| 书　名 | 出版时间 | 定　价 | 编号 |
|---|---|---|---|
| 最新世界各国数学奥林匹克中的平面几何试题 | 2007—09 | 38.00 | 14 |
| 数学竞赛平面几何典型题及新颖解 | 2010—07 | 48.00 | 74 |
| 初等数学复习及研究(平面几何) | 2008—09 | 58.00 | 38 |
| 初等数学复习及研究(立体几何) | 2010—06 | 38.00 | 71 |
| 初等数学复习及研究(平面几何)习题解答 | 2009—01 | 48.00 | 42 |
| 几何学教程(平面几何卷) | 2011—03 | 68.00 | 90 |
| 几何学教程(立体几何卷) | 2011—07 | 68.00 | 130 |
| 几何变换与几何证题 | 2010—06 | 88.00 | 70 |
| 计算方法与几何证题 | 2011—06 | 28.00 | 129 |
| 立体几何技巧与方法 | 2014—04 | 88.00 | 293 |
| 几何瑰宝——平面几何500名题暨1000条定理(上、下) | 2010—07 | 138.00 | 76,77 |
| 三角形的解法与应用 | 2012—07 | 18.00 | 183 |
| 近代的三角形几何学 | 2012—07 | 48.00 | 184 |
| 一般折线几何学 | 2015—08 | 48.00 | 503 |
| 三角形的五心 | 2009—06 | 28.00 | 51 |
| 三角形的六心及其应用 | 2015—10 | 68.00 | 542 |
| 三角形趣谈 | 2012—08 | 28.00 | 212 |
| 解三角形 | 2014—01 | 28.00 | 265 |
| 三角学专门教程 | 2014—09 | 28.00 | 387 |
| 图天下几何新题试卷.初中(第2版) | 2017—11 | 58.00 | 855 |
| 圆锥曲线习题集(上册) | 2013—06 | 68.00 | 255 |
| 圆锥曲线习题集(中册) | 2015—01 | 78.00 | 434 |
| 圆锥曲线习题集(下册·第1卷) | 2016—10 | 78.00 | 683 |
| 圆锥曲线习题集(下册·第2卷) | 2018—01 | 98.00 | 853 |
| 圆锥曲线习题集(下册·第3卷) | 2019—10 | 128.00 | 1113 |
| 论九点圆 | 2015—05 | 88.00 | 645 |
| 近代欧氏几何学 | 2012—03 | 48.00 | 162 |
| 罗巴切夫斯基几何学及几何基础概要 | 2012—07 | 28.00 | 188 |
| 罗巴切夫斯基几何学初步 | 2015—06 | 28.00 | 474 |
| 用三角、解析几何、复数、向量计算解数学竞赛几何题 | 2015—03 | 48.00 | 455 |
| 美国中学几何教程 | 2015—04 | 88.00 | 458 |
| 三线坐标与三角形特征点 | 2015—04 | 98.00 | 460 |
| 平面解析几何方法与研究(第1卷) | 2015—05 | 18.00 | 471 |
| 平面解析几何方法与研究(第2卷) | 2015—06 | 18.00 | 472 |
| 平面解析几何方法与研究(第3卷) | 2015—07 | 18.00 | 473 |
| 解析几何研究 | 2015—01 | 38.00 | 425 |
| 解析几何学教程.上 | 2016—01 | 38.00 | 574 |
| 解析几何学教程.下 | 2016—01 | 38.00 | 575 |
| 几何学基础 | 2016—01 | 58.00 | 581 |
| 初等几何研究 | 2015—02 | 58.00 | 444 |
| 十九和二十世纪欧氏几何学中的片段 | 2017—01 | 58.00 | 696 |
| 平面几何中考.高考.奥数一本通 | 2017—07 | 28.00 | 820 |
| 几何学简史 | 2017—08 | 28.00 | 833 |
| 四面体 | 2018—01 | 48.00 | 880 |
| 平面几何证明方法思路 | 2018—12 | 68.00 | 913 |
| 平面几何图形特性新析.上篇 | 2019—01 | 68.00 | 911 |
| 平面几何图形特性新析.下篇 | 2018—06 | 88.00 | 912 |
| 平面几何范例多解探究.上篇 | 2018—04 | 48.00 | 910 |
| 平面几何范例多解探究.下篇 | 2018—12 | 68.00 | 914 |
| 从分析解题过程学解题:竞赛中的几何问题研究 | 2018—07 | 68.00 | 946 |
| 从分析解题过程学解题:竞赛中的向量几何与不等式研究(全2册) | 2019—06 | 138.00 | 1090 |
| 二维、三维欧氏几何的对偶原理 | 2018—12 | 38.00 | 990 |
| 星形大观及闭折线论 | 2019—03 | 68.00 | 1020 |
| 圆锥曲线之设点与设线 | 2019—05 | 60.00 | 1063 |
| 立体几何的问题和方法 | 2019—11 | 58.00 | 1127 |

# 刘培杰数学工作室
## 已出版(即将出版)图书目录——初等数学

| 书　名 | 出版时间 | 定　价 | 编号 |
|---|---|---|---|
| 俄罗斯平面几何问题集 | 2009—08 | 88.00 | 55 |
| 俄罗斯立体几何问题集 | 2014—03 | 58.00 | 283 |
| 俄罗斯几何大师——沙雷金论数学及其他 | 2014—01 | 48.00 | 271 |
| 来自俄罗斯的5000道几何习题及解答 | 2011—03 | 58.00 | 89 |
| 俄罗斯初等数学问题集 | 2012—05 | 38.00 | 177 |
| 俄罗斯函数问题集 | 2011—03 | 38.00 | 103 |
| 俄罗斯组合分析问题集 | 2011—01 | 48.00 | 79 |
| 俄罗斯初等数学万题选——三角卷 | 2012—11 | 38.00 | 222 |
| 俄罗斯初等数学万题选——代数卷 | 2013—08 | 68.00 | 225 |
| 俄罗斯初等数学万题选——几何卷 | 2014—01 | 68.00 | 226 |
| 俄罗斯《量子》杂志数学征解问题100题选 | 2018—08 | 48.00 | 969 |
| 俄罗斯《量子》杂志数学征解问题又100题选 | 2018—08 | 48.00 | 970 |
| 463个俄罗斯几何老问题 | 2012—01 | 28.00 | 152 |
| 《量子》数学短文精粹 | 2018—09 | 38.00 | 972 |
| 用三角、解析几何等计算解来自俄罗斯的几何题 | 2019—11 | 88.00 | 1119 |
| 谈谈素数 | 2011—03 | 18.00 | 91 |
| 平方和 | 2011—03 | 18.00 | 92 |
| 整数论 | 2011—05 | 38.00 | 120 |
| 从整数谈起 | 2015—10 | 28.00 | 538 |
| 数与多项式 | 2016—01 | 38.00 | 558 |
| 谈谈不定方程 | 2011—05 | 28.00 | 119 |
| 解析不等式新论 | 2009—06 | 68.00 | 48 |
| 建立不等式的方法 | 2011—03 | 98.00 | 104 |
| 数学奥林匹克不等式研究 | 2009—08 | 68.00 | 56 |
| 不等式研究(第二辑) | 2012—02 | 68.00 | 153 |
| 不等式的秘密(第一卷)(第2版) | 2014—02 | 38.00 | 286 |
| 不等式的秘密(第二卷) | 2014—01 | 38.00 | 268 |
| 初等不等式的证明方法 | 2010—06 | 38.00 | 123 |
| 初等不等式的证明方法(第二版) | 2014—11 | 38.00 | 407 |
| 不等式·理论·方法(基础卷) | 2015—07 | 38.00 | 496 |
| 不等式·理论·方法(经典不等式卷) | 2015—07 | 38.00 | 497 |
| 不等式·理论·方法(特殊类型不等式卷) | 2015—07 | 48.00 | 498 |
| 不等式探究 | 2016—03 | 38.00 | 582 |
| 不等式探秘 | 2017—01 | 88.00 | 689 |
| 四面体不等式 | 2017—01 | 68.00 | 715 |
| 数学奥林匹克中常见重要不等式 | 2017—09 | 38.00 | 845 |
| 三正弦不等式 | 2018—09 | 98.00 | 974 |
| 函数方程与不等式:解法与稳定性结果 | 2019—04 | 68.00 | 1058 |
| 同余理论 | 2012—05 | 38.00 | 163 |
| [x]与{x} | 2015—04 | 48.00 | 476 |
| 极值与最值.上卷 | 2015—06 | 28.00 | 486 |
| 极值与最值.中卷 | 2015—06 | 38.00 | 487 |
| 极值与最值.下卷 | 2015—06 | 28.00 | 488 |
| 整数的性质 | 2012—11 | 38.00 | 192 |
| 完全平方数及其应用 | 2015—08 | 78.00 | 506 |
| 多项式理论 | 2015—10 | 88.00 | 541 |
| 奇数、偶数、奇偶分析法 | 2018—01 | 98.00 | 876 |
| 不定方程及其应用.上 | 2018—12 | 58.00 | 992 |
| 不定方程及其应用.中 | 2019—01 | 78.00 | 993 |
| 不定方程及其应用.下 | 2019—02 | 98.00 | 994 |

# 刘培杰数学工作室
# 已出版(即将出版)图书目录——初等数学

| 书 名 | 出版时间 | 定 价 | 编号 |
|---|---|---|---|
| 历届美国中学生数学竞赛试题及解答(第一卷)1950—1954 | 2014—07 | 18.00 | 277 |
| 历届美国中学生数学竞赛试题及解答(第二卷)1955—1959 | 2014—04 | 18.00 | 278 |
| 历届美国中学生数学竞赛试题及解答(第三卷)1960—1964 | 2014—06 | 18.00 | 279 |
| 历届美国中学生数学竞赛试题及解答(第四卷)1965—1969 | 2014—04 | 28.00 | 280 |
| 历届美国中学生数学竞赛试题及解答(第五卷)1970—1972 | 2014—06 | 18.00 | 281 |
| 历届美国中学生数学竞赛试题及解答(第六卷)1973—1980 | 2017—07 | 18.00 | 768 |
| 历届美国中学生数学竞赛试题及解答(第七卷)1981—1986 | 2015—01 | 18.00 | 424 |
| 历届美国中学生数学竞赛试题及解答(第八卷)1987—1990 | 2017—05 | 18.00 | 769 |

| 书 名 | 出版时间 | 定 价 | 编号 |
|---|---|---|---|
| 历届中国数学奥林匹克试题集(第2版) | 2017—03 | 38.00 | 757 |
| 历届加拿大数学奥林匹克试题集 | 2012—08 | 38.00 | 215 |
| 历届美国数学奥林匹克试题集:多解推广加强(第2版) | 2016—03 | 48.00 | 592 |
| 历届波兰数学竞赛试题集.第1卷,1949～1963 | 2015—03 | 18.00 | 453 |
| 历届波兰数学竞赛试题集.第2卷,1964～1976 | 2015—03 | 18.00 | 454 |
| 历届巴尔干数学奥林匹克试题集 | 2015—05 | 38.00 | 466 |
| 保加利亚数学奥林匹克 | 2014—10 | 38.00 | 393 |
| 圣彼得堡数学奥林匹克试题集 | 2015—01 | 38.00 | 429 |
| 匈牙利奥林匹克数学竞赛题解.第1卷 | 2016—05 | 28.00 | 593 |
| 匈牙利奥林匹克数学竞赛题解.第2卷 | 2016—05 | 28.00 | 594 |
| 历届美国数学邀请赛试题集(第2版) | 2017—10 | 78.00 | 851 |
| 全国高中数学竞赛试题及解答.第1卷 | 2014—07 | 38.00 | 331 |
| 普林斯顿大学数学竞赛 | 2016—06 | 38.00 | 669 |
| 亚太地区数学奥林匹克竞赛题 | 2015—07 | 18.00 | 492 |
| 日本历届(初级)广中杯数学竞赛试题及解答.第1卷(2000～2007) | 2016—05 | 28.00 | 641 |
| 日本历届(初级)广中杯数学竞赛试题及解答.第2卷(2008～2015) | 2016—05 | 38.00 | 642 |
| 360个数学竞赛问题 | 2016—08 | 58.00 | 677 |
| 奥数最佳实战题.上卷 | 2017—06 | 38.00 | 760 |
| 奥数最佳实战题.下卷 | 2017—05 | 58.00 | 761 |
| 哈尔滨市早期中学数学竞赛试题汇编 | 2016—07 | 28.00 | 672 |
| 全国高中数学联赛试题及解答:1981—2017(第2版) | 2018—05 | 98.00 | 920 |
| 20世纪50年代全国部分城市数学竞赛试题汇编 | 2017—07 | 28.00 | 797 |
| 国内外数学竞赛题及精解:2017～2018 | 2019—06 | 45.00 | 1092 |
| 许康华竞赛优学精选集.第一辑 | 2018—08 | 68.00 | 949 |
| 天问叶班数学问题征解100题.Ⅰ,2016—2018 | 2019—05 | 88.00 | 1075 |
| 美国初中数学竞赛:AMC8准备(共6卷) | 2019—07 | 138.00 | 1089 |
| 美国高中数学竞赛:AMC10准备(共6卷) | 2019—08 | 158.00 | 1105 |

| 书 名 | 出版时间 | 定 价 | 编号 |
|---|---|---|---|
| 高考数学临门一脚(含密押三套卷)(理科版) | 2017—01 | 45.00 | 743 |
| 高考数学临门一脚(含密押三套卷)(文科版) | 2017—01 | 45.00 | 744 |
| 新课标高考数学题型全归纳(文科版) | 2015—05 | 72.00 | 467 |
| 新课标高考数学题型全归纳(理科版) | 2015—05 | 82.00 | 468 |
| 洞穿高考数学解答题核心考点(理科版) | 2015—11 | 49.80 | 550 |
| 洞穿高考数学解答题核心考点(文科版) | 2015—11 | 46.80 | 551 |

# 刘培杰数学工作室
## 已出版(即将出版)图书目录——初等数学

| 书　名 | 出版时间 | 定价 | 编号 |
|---|---|---|---|
| 高考数学题型全归纳:文科版.上 | 2016—05 | 53.00 | 663 |
| 高考数学题型全归纳:文科版.下 | 2016—05 | 53.00 | 664 |
| 高考数学题型全归纳:理科版.上 | 2016—05 | 58.00 | 665 |
| 高考数学题型全归纳:理科版.下 | 2016—05 | 58.00 | 666 |
| 王连笑教你怎样学数学:高考选择题解题策略与客观题实用训练 | 2014—01 | 48.00 | 262 |
| 王连笑教你怎样学数学:高考数学高层次讲座 | 2015—02 | 48.00 | 432 |
| 高考数学的理论与实践 | 2009—08 | 38.00 | 53 |
| 高考数学核心题型解题方法与技巧 | 2010—01 | 28.00 | 86 |
| 高考思维新平台 | 2014—03 | 38.00 | 259 |
| 30分钟拿下高考数学选择题、填空题(理科版) | 2016—10 | 39.80 | 720 |
| 30分钟拿下高考数学选择题、填空题(文科版) | 2016—10 | 39.80 | 721 |
| 高考数学压轴题解题诀窍(上)(第2版) | 2018—01 | 58.00 | 874 |
| 高考数学压轴题解题诀窍(下)(第2版) | 2018—01 | 48.00 | 875 |
| 北京市五区文科数学三年高考模拟题详解:2013～2015 | 2015—08 | 48.00 | 500 |
| 北京市五区理科数学三年高考模拟题详解:2013～2015 | 2015—09 | 68.00 | 505 |
| 向量法巧解数学高考题 | 2009—08 | 28.00 | 54 |
| 高考数学解题金典(第2版) | 2017—01 | 78.00 | 716 |
| 高考物理解题金典(第2版) | 2019—05 | 68.00 | 717 |
| 高考化学解题金典(第2版) | 2019—05 | 58.00 | 718 |
| 我一定要赚分:高中物理 | 2016—01 | 38.00 | 580 |
| 数学高考参考 | 2016—01 | 78.00 | 589 |
| 2011～2015年全国及各省市高考数学文科精品试题审题要津与解法研究 | 2015—10 | 68.00 | 539 |
| 2011～2015年全国及各省市高考数学理科精品试题审题要津与解法研究 | 2015—10 | 88.00 | 540 |
| 最新全国及各省市高考数学试卷解法研究及点拨评析 | 2009—02 | 38.00 | 41 |
| 2011年全国及各省市高考数学试题审题要津与解法研究 | 2011—10 | 48.00 | 139 |
| 2013年全国及各省市高考数学试题解析与点评 | 2014—01 | 48.00 | 282 |
| 全国及各省市高考数学试题审题要津与解法研究 | 2015—02 | 48.00 | 450 |
| 高中数学章节起始课的教学研究与案例设计 | 2019—05 | 28.00 | 1064 |
| 新课标高考数学——五年试题分章详解(2007～2011)(上、下) | 2011—10 | 78.00 | 140,141 |
| 全国中考数学压轴题审题要津与解法研究 | 2013—04 | 78.00 | 248 |
| 新编全国及各省市中考数学压轴题审题要津与解法研究 | 2014—05 | 58.00 | 342 |
| 全国及各省市5年中考数学压轴题审题要津与解法研究(2015版) | 2015—04 | 58.00 | 462 |
| 中考数学专题总复习 | 2007—04 | 28.00 | 6 |
| 中考数学较难题常考题型解题方法与技巧 | 2016—09 | 48.00 | 681 |
| 中考数学难题常考题型解题方法与技巧 | 2016—09 | 48.00 | 682 |
| 中考数学中档题常考题型解题方法与技巧 | 2017—08 | 68.00 | 835 |
| 中考数学选择填空压轴好题妙解365 | 2017—05 | 38.00 | 759 |
| 中小学数学的历史文化 | 2019—11 | 48.00 | 1124 |
| 初中平面几何百题多思创新解 | 2020—01 | 58.00 | 1125 |
| 初中数学中考备考 | 2020—01 | 58.00 | 1126 |
| 高考数学之九章演义 | 2019—08 | 68.00 | 1044 |
| 化学可以这样学:高中化学知识方法智慧感悟疑难辨析 | 2019—07 | 58.00 | 1103 |
| 如何成为学习高手 | 2019—09 | 58.00 | 1107 |

# 刘培杰数学工作室
## 已出版(即将出版)图书目录——初等数学

| 书 名 | 出版时间 | 定 价 | 编号 |
|---|---|---|---|
| 中考数学小压轴汇编初讲 | 2017—07 | 48.00 | 788 |
| 中考数学大压轴专题微言 | 2017—09 | 48.00 | 846 |
| 怎么解中考平面几何探索题 | 2019—06 | 48.00 | 1093 |
| 北京中考数学压轴题解题方法突破(第5版) | 2020—01 | 58.00 | 1120 |
| 助你高考成功的数学解题智慧:知识是智慧的基础 | 2016—01 | 58.00 | 596 |
| 助你高考成功的数学解题智慧:错误是智慧的试金石 | 2016—04 | 58.00 | 643 |
| 助你高考成功的数学解题智慧:方法是智慧的推手 | 2016—04 | 68.00 | 657 |
| 高考数学奇思妙解 | 2016—04 | 38.00 | 610 |
| 高考数学解题策略 | 2016—05 | 48.00 | 670 |
| 数学解题泄天机(第2版) | 2017—10 | 48.00 | 850 |
| 高考物理压轴题全解 | 2017—04 | 48.00 | 746 |
| 高中物理经典问题25讲 | 2017—05 | 28.00 | 764 |
| 高中物理教学讲义 | 2018—01 | 48.00 | 871 |
| 2016年高考文科数学真题研究 | 2017—04 | 58.00 | 754 |
| 2016年高考理科数学真题研究 | 2017—04 | 78.00 | 755 |
| 2017年高考理科数学真题研究 | 2018—01 | 58.00 | 867 |
| 2017年高考文科数学真题研究 | 2018—01 | 48.00 | 868 |
| 初中数学、高中数学脱节知识补缺教材 | 2017—06 | 48.00 | 766 |
| 高考数学小题抢分必练 | 2017—10 | 48.00 | 834 |
| 高考数学核心素养解读 | 2017—09 | 38.00 | 839 |
| 高考数学客观题解题方法和技巧 | 2017—10 | 38.00 | 847 |
| 十年高考数学精品试题审题要津与解法研究.上卷 | 2018—01 | 68.00 | 872 |
| 十年高考数学精品试题审题要津与解法研究.下卷 | 2018—01 | 58.00 | 873 |
| 中国历届高考数学试题及解答.1949—1979 | 2018—01 | 38.00 | 877 |
| 历届中国高考数学试题及解答.第二卷,1980—1989 | 2018—10 | 28.00 | 975 |
| 历届中国高考数学试题及解答.第三卷,1990—1999 | 2018—10 | 48.00 | 976 |
| 数学文化与高考研究 | 2018—03 | 48.00 | 882 |
| 跟我学解高中数学题 | 2018—07 | 58.00 | 926 |
| 中学数学研究的方法及案例 | 2018—05 | 58.00 | 869 |
| 高考数学抢分技能 | 2018—07 | 68.00 | 934 |
| 高一新生常用数学方法和重要数学思想提升教材 | 2018—06 | 38.00 | 921 |
| 2018年高考数学真题研究 | 2019—01 | 68.00 | 1000 |
| 高考数学全国卷16道选择、填空题常考题型解题诀窍.理科 | 2018—09 | 88.00 | 971 |
| 高考数学全国卷16道选择、填空题常考题型解题诀窍.文科 | 2020—01 | 88.00 | 1123 |
| 高中数学一题多解 | 2019—06 | 58.00 | 1087 |
| 新编640个世界著名数学智力趣题 | 2014—01 | 88.00 | 242 |
| 500个最新世界著名数学智力趣题 | 2008—06 | 48.00 | 3 |
| 400个最新世界著名数学最值问题 | 2008—09 | 48.00 | 36 |
| 500个世界著名数学征解问题 | 2009—06 | 48.00 | 52 |
| 400个中国最佳初等数学征解老问题 | 2010—01 | 48.00 | 60 |
| 500个俄罗斯数学经典老题 | 2011—01 | 28.00 | 81 |
| 1000个国外中学物理好题 | 2012—04 | 48.00 | 174 |
| 300个日本高考数学题 | 2012—05 | 38.00 | 142 |
| 700个早期日本高考数学试题 | 2017—02 | 88.00 | 752 |
| 500个前苏联早期高考数学试题及解答 | 2012—05 | 28.00 | 185 |
| 546个早期俄罗斯大学生数学竞赛题 | 2014—03 | 38.00 | 285 |
| 548个来自美苏的数学好问题 | 2014—11 | 28.00 | 396 |
| 20所苏联著名大学早期入学试题 | 2015—02 | 18.00 | 452 |
| 161道德国工科大学生必做的微分方程习题 | 2015—05 | 28.00 | 469 |
| 500个德国工科大学生必做的高数习题 | 2015—06 | 28.00 | 478 |
| 360个数学竞赛问题 | 2016—08 | 58.00 | 677 |
| 200个趣味数学故事 | 2018—02 | 48.00 | 857 |
| 470个数学奥林匹克中的最值问题 | 2018—10 | 88.00 | 985 |
| 德国讲义日本考题.微积分卷 | 2015—04 | 48.00 | 456 |
| 德国讲义日本考题.微分方程卷 | 2015—04 | 38.00 | 457 |
| 二十世纪中叶中、英、美、日、法、俄高考数学试题精选 | 2017—06 | 38.00 | 783 |

# 刘培杰数学工作室
## 已出版(即将出版)图书目录——初等数学

| 书 名 | 出版时间 | 定 价 | 编号 |
|---|---|---|---|
| 中国初等数学研究 2009 卷(第 1 辑) | 2009—05 | 20.00 | 45 |
| 中国初等数学研究 2010 卷(第 2 辑) | 2010—05 | 30.00 | 68 |
| 中国初等数学研究 2011 卷(第 3 辑) | 2011—07 | 60.00 | 127 |
| 中国初等数学研究 2012 卷(第 4 辑) | 2012—07 | 48.00 | 190 |
| 中国初等数学研究 2014 卷(第 5 辑) | 2014—02 | 48.00 | 288 |
| 中国初等数学研究 2015 卷(第 6 辑) | 2015—06 | 68.00 | 493 |
| 中国初等数学研究 2016 卷(第 7 辑) | 2016—04 | 68.00 | 609 |
| 中国初等数学研究 2017 卷(第 8 辑) | 2017—01 | 98.00 | 712 |
| 初等数学研究在中国.第 1 辑 | 2019—03 | 158.00 | 1024 |
| 初等数学研究在中国.第 2 辑 | 2019—10 | 158.00 | 1116 |
| 几何变换(Ⅰ) | 2014—07 | 28.00 | 353 |
| 几何变换(Ⅱ) | 2015—06 | 28.00 | 354 |
| 几何变换(Ⅲ) | 2015—01 | 38.00 | 355 |
| 几何变换(Ⅳ) | 2015—12 | 38.00 | 356 |
| 初等数论难题集(第一卷) | 2009—05 | 68.00 | 44 |
| 初等数论难题集(第二卷)(上、下) | 2011—02 | 128.00 | 82,83 |
| 数论概貌 | 2011—03 | 18.00 | 93 |
| 代数数论(第二版) | 2013—08 | 58.00 | 94 |
| 代数多项式 | 2014—06 | 38.00 | 289 |
| 初等数论的知识与问题 | 2011—02 | 28.00 | 95 |
| 超越数论基础 | 2011—03 | 28.00 | 96 |
| 数论初等教程 | 2011—03 | 28.00 | 97 |
| 数论基础 | 2011—03 | 18.00 | 98 |
| 数论基础与维诺格拉多夫 | 2014—03 | 18.00 | 292 |
| 解析数论基础 | 2012—08 | 28.00 | 216 |
| 解析数论基础(第二版) | 2014—01 | 48.00 | 287 |
| 解析数论问题集(第二版)(原版引进) | 2014—05 | 88.00 | 343 |
| 解析数论问题集(第二版)(中译本) | 2016—04 | 88.00 | 607 |
| 解析数论基础(潘承洞,潘承彪著) | 2016—07 | 98.00 | 673 |
| 解析数论导引 | 2016—07 | 58.00 | 674 |
| 数论入门 | 2011—03 | 38.00 | 99 |
| 代数数论入门 | 2015—03 | 38.00 | 448 |
| 数论开篇 | 2012—07 | 28.00 | 194 |
| 解析数论引论 | 2011—03 | 48.00 | 100 |
| Barban Davenport Halberstam 均值和 | 2009—01 | 40.00 | 33 |
| 基础数论 | 2011—03 | 28.00 | 101 |
| 初等数论 100 例 | 2011—05 | 18.00 | 122 |
| 初等数论经典例题 | 2012—07 | 18.00 | 204 |
| 最新世界各国数学奥林匹克中的初等数论试题(上、下) | 2012—01 | 138.00 | 144,145 |
| 初等数论(Ⅰ) | 2012—01 | 18.00 | 156 |
| 初等数论(Ⅱ) | 2012—01 | 18.00 | 157 |
| 初等数论(Ⅲ) | 2012—01 | 28.00 | 158 |

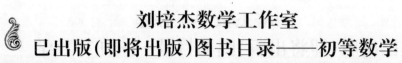

# 刘培杰数学工作室
# 已出版(即将出版)图书目录——初等数学

| 书　名 | 出 版 时 间 | 定　价 | 编号 |
|---|---|---|---|
| 平面几何与数论中未解决的新老问题 | 2013—01 | 68.00 | 229 |
| 代数数论简史 | 2014—11 | 28.00 | 408 |
| 代数数论 | 2015—09 | 88.00 | 532 |
| 代数、数论及分析习题集 | 2016—11 | 98.00 | 695 |
| 数论导引提要及习题解答 | 2016—01 | 48.00 | 559 |
| 素数定理的初等证明.第2版 | 2016—09 | 48.00 | 686 |
| 数论中的模函数与狄利克雷级数(第二版) | 2017—11 | 78.00 | 837 |
| 数论:数学导引 | 2018—01 | 68.00 | 849 |
| 范氏大代数 | 2019—02 | 98.00 | 1016 |
| 解析数学讲义.第一卷,导来式及微分、积分、级数 | 2019—04 | 88.00 | 1021 |
| 解析数学讲义.第二卷,关于几何的应用 | 2019—04 | 68.00 | 1022 |
| 解析数学讲义.第三卷,解析函数论 | 2019—04 | 78.00 | 1023 |
| 分析・组合・数论纵横谈 | 2019—04 | 58.00 | 1039 |
| Hall 代数:民国时期的中学数学课本:英文 | 2019—08 | 88.00 | 1106 |
| | | | |
| 数学精神巡礼 | 2019—01 | 58.00 | 731 |
| 数学眼光透视(第2版) | 2017—06 | 78.00 | 732 |
| 数学思想领悟(第2版) | 2018—01 | 68.00 | 733 |
| 数学方法溯源(第2版) | 2018—08 | 68.00 | 734 |
| 数学解题引论 | 2017—05 | 58.00 | 735 |
| 数学史话览胜(第2版) | 2017—01 | 48.00 | 736 |
| 数学应用展观(第2版) | 2017—08 | 68.00 | 737 |
| 数学建模尝试 | 2018—04 | 48.00 | 738 |
| 数学竞赛采风 | 2018—01 | 68.00 | 739 |
| 数学测评探营 | 2019—05 | 58.00 | 740 |
| 数学技能操握 | 2018—03 | 48.00 | 741 |
| 数学欣赏拾趣 | 2018—02 | 48.00 | 742 |
| | | | |
| 从毕达哥拉斯到怀尔斯 | 2007—10 | 48.00 | 9 |
| 从迪利克雷到维斯卡尔迪 | 2008—01 | 48.00 | 21 |
| 从哥德巴赫到陈景润 | 2008—05 | 98.00 | 35 |
| 从庞加莱到佩雷尔曼 | 2011—08 | 138.00 | 136 |
| | | | |
| 博弈论精粹 | 2008—03 | 58.00 | 30 |
| 博弈论精粹.第二版(精装) | 2015—01 | 88.00 | 461 |
| 数学 我爱你 | 2008—01 | 28.00 | 20 |
| 精神的圣徒　别样的人生——60位中国数学家成长的历程 | 2008—09 | 48.00 | 39 |
| 数学史概论 | 2009—06 | 78.00 | 50 |
| 数学史概论(精装) | 2013—03 | 158.00 | 272 |
| 数学史选讲 | 2016—01 | 48.00 | 544 |
| 斐波那契数列 | 2010—02 | 28.00 | 65 |
| 数学拼盘和斐波那契魔方 | 2010—07 | 38.00 | 72 |
| 斐波那契数列欣赏(第2版) | 2018—08 | 58.00 | 948 |
| Fibonacci 数列中的明珠 | 2018—06 | 58.00 | 928 |
| 数学的创造 | 2011—02 | 48.00 | 85 |
| 数学美与创造力 | 2016—01 | 48.00 | 595 |
| 数海拾贝 | 2016—01 | 48.00 | 590 |
| 数学中的美(第2版) | 2019—04 | 68.00 | 1057 |
| 数论中的美学 | 2014—12 | 38.00 | 351 |

# 刘培杰数学工作室
## 已出版(即将出版)图书目录——初等数学

| 书　名 | 出版时间 | 定　价 | 编号 |
|---|---|---|---|
| 数学王者　科学巨人——高斯 | 2015—01 | 28.00 | 428 |
| 振兴祖国数学的圆梦之旅:中国初等数学研究史话 | 2015—06 | 98.00 | 490 |
| 二十世纪中国数学史料研究 | 2015—10 | 48.00 | 536 |
| 数字谜、数阵图与棋盘覆盖 | 2016—01 | 58.00 | 298 |
| 时间的形状 | 2016—01 | 38.00 | 556 |
| 数学发现的艺术:数学探索中的合情推理 | 2016—07 | 58.00 | 671 |
| 活跃在数学中的参数 | 2016—07 | 48.00 | 675 |
| 数学解题——靠数学思想给力(上) | 2011—07 | 38.00 | 131 |
| 数学解题——靠数学思想给力(中) | 2011—07 | 48.00 | 132 |
| 数学解题——靠数学思想给力(下) | 2011—07 | 38.00 | 133 |
| 我怎样解题 | 2013—01 | 48.00 | 227 |
| 数学解题中的物理方法 | 2011—06 | 28.00 | 114 |
| 数学解题的特殊方法 | 2011—06 | 48.00 | 115 |
| 中学数学计算技巧 | 2012—01 | 48.00 | 116 |
| 中学数学证明方法 | 2012—01 | 58.00 | 117 |
| 数学趣题巧解 | 2012—03 | 28.00 | 128 |
| 高中数学教学通鉴 | 2015—05 | 58.00 | 479 |
| 和高中生漫谈:数学与哲学的故事 | 2014—08 | 28.00 | 369 |
| 算术问题集 | 2017—03 | 38.00 | 789 |
| 张教授讲数学 | 2018—07 | 38.00 | 933 |
| 自主招生考试中的参数方程问题 | 2015—01 | 28.00 | 435 |
| 自主招生考试中的极坐标问题 | 2015—04 | 28.00 | 463 |
| 近年全国重点大学自主招生数学试题全解及研究.华约卷 | 2015—02 | 38.00 | 441 |
| 近年全国重点大学自主招生数学试题全解及研究.北约卷 | 2016—05 | 38.00 | 619 |
| 自主招生数学解证宝典 | 2015—09 | 48.00 | 535 |
| 格点和面积 | 2012—07 | 18.00 | 191 |
| 射影几何趣谈 | 2012—04 | 28.00 | 175 |
| 斯潘纳尔引理——从一道加拿大数学奥林匹克试题谈起 | 2014—01 | 28.00 | 228 |
| 李普希兹条件——从几道近年高考数学试题谈起 | 2012—10 | 18.00 | 221 |
| 拉格朗日中值定理——从一道北京高考试题的解法谈起 | 2015—10 | 18.00 | 197 |
| 闵科夫斯基定理——从一道清华大学自主招生试题谈起 | 2014—01 | 28.00 | 198 |
| 哈尔测度——从一道冬令营试题的背景谈起 | 2012—08 | 28.00 | 202 |
| 切比雪夫逼近问题——从一道中国台北数学奥林匹克试题谈起 | 2013—04 | 38.00 | 238 |
| 伯恩斯坦多项式与贝齐尔曲面——从一道全国高中数学联赛试题谈起 | 2013—03 | 38.00 | 236 |
| 卡塔兰猜想——从一道普特南竞赛试题谈起 | 2013—06 | 18.00 | 256 |
| 麦卡锡函数和阿克曼函数——从一道前南斯拉夫数学奥林匹克试题谈起 | 2012—08 | 18.00 | 201 |
| 贝蒂定理与拉姆贝克莫斯尔定理——从一个拣石子游戏谈起 | 2012—08 | 18.00 | 217 |
| 皮亚诺曲线和豪斯道夫分球定理——从无限集谈起 | 2012—08 | 18.00 | 211 |
| 平面凸图形与凸多面体 | 2012—10 | 28.00 | 218 |
| 斯坦因豪斯问题——从一道二十五省市自治区中学数学竞赛试题谈起 | 2012—07 | 18.00 | 196 |

# 刘培杰数学工作室
## 已出版(即将出版)图书目录——初等数学

| 书　名 | 出版时间 | 定　价 | 编号 |
|---|---|---|---|
| 纽结理论中的亚历山大多项式与琼斯多项式——从一道北京市高一数学竞赛试题谈起 | 2012—07 | 28.00 | 195 |
| 原则与策略——从波利亚"解题表"谈起 | 2013—04 | 38.00 | 244 |
| 转化与化归——从三大尺规作图不能问题谈起 | 2012—08 | 28.00 | 214 |
| 代数几何中的贝祖定理(第一版)——从一道 IMO 试题的解法谈起 | 2013—08 | 18.00 | 193 |
| 成功连贯理论与约当块理论——从一道比利时数学竞赛试题谈起 | 2012—04 | 18.00 | 180 |
| 素数判定与大数分解 | 2014—08 | 18.00 | 199 |
| 置换多项式及其应用 | 2012—10 | 18.00 | 220 |
| 椭圆函数与模函数——从一道美国加州大学洛杉矶分校(UCLA)博士资格考题谈起 | 2012—10 | 28.00 | 219 |
| 差分方程的拉格朗日方法——从一道 2011 年全国高考理科试题的解法谈起 | 2012—08 | 28.00 | 200 |
| 力学在几何中的一些应用 | 2013—01 | 38.00 | 240 |
| 从根式解到伽罗华理论 | 2020—01 | 48.00 | 1121 |
| 康托洛维奇不等式——从一道全国高中联赛试题谈起 | 2013—03 | 28.00 | 337 |
| 西格尔引理——从一道第 18 届 IMO 试题的解法谈起 | 即将出版 | | |
| 罗斯定理——从一道前苏联数学竞赛试题谈起 | 即将出版 | | |
| 拉克斯定理和阿廷定理——从一道 IMO 试题的解法谈起 | 2014—01 | 58.00 | 246 |
| 毕卡大定理——从一道美国大学数学竞赛试题谈起 | 2014—07 | 18.00 | 350 |
| 贝齐尔曲线——从一道全国高中联赛试题谈起 | 即将出版 | | |
| 拉格朗日乘子定理——从一道 2005 年全国高中联赛试题的高等数学解法谈起 | 2015—05 | 28.00 | 480 |
| 雅可比定理——从一道日本数学奥林匹克试题谈起 | 2013—04 | 48.00 | 249 |
| 李天岩—约克定理——从一道波兰数学竞赛试题谈起 | 2014—06 | 28.00 | 349 |
| 整系数多项式因式分解的一般方法——从克朗耐克算法谈起 | 即将出版 | | |
| 布劳维不动点定理——从一道前苏联数学奥林匹克试题谈起 | 2014—01 | 38.00 | 273 |
| 伯恩赛德定理——从一道英国数学奥林匹克试题谈起 | 即将出版 | | |
| 布查特—莫斯特定理——从一道上海市初中竞赛试题谈起 | 即将出版 | | |
| 数论中的同余数问题——从一道普特南竞赛试题谈起 | 即将出版 | | |
| 范·德蒙行列式——从一道美国数学奥林匹克试题谈起 | 即将出版 | | |
| 中国剩余定理:总数法构建中国历史年表 | 2015—01 | 28.00 | 430 |
| 牛顿程序与方程求根——从一道全国高考试题解法谈起 | 即将出版 | | |
| 库默尔定理——从一道 IMO 预选试题谈起 | 即将出版 | | |
| 卢丁定理——从一道冬令营试题的解法谈起 | 即将出版 | | |
| 沃斯滕霍姆定理——从一道 IMO 预选试题谈起 | 即将出版 | | |
| 卡尔松不等式——从一道莫斯科数学奥林匹克试题谈起 | 即将出版 | | |
| 信息论中的香农熵——从一道近年高考压轴题谈起 | 即将出版 | | |
| 约当不等式——从一道希望杯竞赛试题谈起 | 即将出版 | | |
| 拉比诺维奇定理 | 即将出版 | | |
| 刘维尔定理——从一道《美国数学月刊》征解问题的解法谈起 | 即将出版 | | |
| 卡塔兰恒等式与级数求和——从一道 IMO 试题的解法谈起 | 即将出版 | | |
| 勒让德猜想与素数分布——从一道爱尔兰竞赛试题谈起 | 即将出版 | | |
| 天平称重与信息论——从一道基辅市数学奥林匹克试题谈起 | 即将出版 | | |
| 哈密尔顿—凯莱定理:从一道高中数学联赛试题的解法谈起 | 2014—09 | 18.00 | 376 |
| 艾思特曼定理——从一道 CMO 试题的解法谈起 | 即将出版 | | |

# 刘培杰数学工作室
## 已出版(即将出版)图书目录——初等数学

| 书　名 | 出版时间 | 定　价 | 编号 |
|---|---|---|---|
| 阿贝尔恒等式与经典不等式及应用 | 2018—06 | 98.00 | 923 |
| 迪利克雷除数问题 | 2018—07 | 48.00 | 930 |
| 幻方、幻立方与拉丁方 | 2019—08 | 48.00 | 1092 |
| 帕斯卡三角形 | 2014—03 | 18.00 | 294 |
| 蒲丰投针问题——从2009年清华大学的一道自主招生试题谈起 | 2014—01 | 38.00 | 295 |
| 斯图姆定理——从一道"华约"自主招生试题的解法谈起 | 2014—01 | 18.00 | 296 |
| 许瓦兹引理——从一道加利福尼亚大学伯克利分校数学系博士生试题谈起 | 2014—08 | 18.00 | 297 |
| 拉姆塞定理——从王诗宬院士的一个问题谈起 | 2016—04 | 48.00 | 299 |
| 坐标法 | 2013—12 | 28.00 | 332 |
| 数论三角形 | 2014—04 | 38.00 | 341 |
| 毕克定理 | 2014—07 | 18.00 | 352 |
| 数林掠影 | 2014—09 | 48.00 | 389 |
| 我们周围的概率 | 2014—10 | 38.00 | 390 |
| 凸函数最值定理:从一道华约自主招生题的解法谈起 | 2014—10 | 28.00 | 391 |
| 易学与数学奥林匹克 | 2014—10 | 38.00 | 392 |
| 生物数学趣谈 | 2015—01 | 18.00 | 409 |
| 反演 | 2015—01 | 28.00 | 420 |
| 因式分解与圆锥曲线 | 2015—01 | 18.00 | 426 |
| 轨迹 | 2015—01 | 28.00 | 427 |
| 面积原理:从常庚哲命的一道CMO试题的积分解法谈起 | 2015—01 | 48.00 | 431 |
| 形形色色的不动点定理:从一道28届IMO试题谈起 | 2015—01 | 38.00 | 439 |
| 柯西函数方程:从一道上海交大自主招生的试题谈起 | 2015—02 | 28.00 | 440 |
| 三角恒等式 | 2015—02 | 28.00 | 442 |
| 无理性判定:从一道2014年"北约"自主招生试题谈起 | 2015—01 | 38.00 | 443 |
| 数学归纳法 | 2015—03 | 18.00 | 451 |
| 极端原理与解题 | 2015—04 | 28.00 | 464 |
| 法雷级数 | 2014—08 | 18.00 | 367 |
| 摆线族 | 2015—01 | 38.00 | 438 |
| 函数方程及其解法 | 2015—05 | 38.00 | 470 |
| 含参数的方程和不等式 | 2012—09 | 28.00 | 213 |
| 希尔伯特第十问题 | 2016—01 | 38.00 | 543 |
| 无穷小量的求和 | 2016—01 | 28.00 | 545 |
| 切比雪夫多项式:从一道清华大学金秋营试题谈起 | 2016—01 | 38.00 | 583 |
| 泽肯多夫定理 | 2016—03 | 38.00 | 599 |
| 代数等式证题法 | 2016—01 | 28.00 | 600 |
| 三角等式证题法 | 2016—01 | 28.00 | 601 |
| 吴大任教授藏书中的一个因式分解公式:从一道美国数学邀请赛试题的解法谈起 | 2016—06 | 28.00 | 656 |
| 易卦——类万物的数学模型 | 2017—08 | 68.00 | 838 |
| "不可思议"的数与数系可持续发展 | 2018—01 | 38.00 | 878 |
| 最短线 | 2018—01 | 38.00 | 879 |
| | | | |
| 幻方和魔方(第一卷) | 2012—05 | 68.00 | 173 |
| 尘封的经典——初等数学经典文献选读(第一卷) | 2012—07 | 48.00 | 205 |
| 尘封的经典——初等数学经典文献选读(第二卷) | 2012—07 | 38.00 | 206 |
| | | | |
| 初级方程式论 | 2011—03 | 28.00 | 106 |
| 初等数学研究(Ⅰ) | 2008—09 | 68.00 | 37 |
| 初等数学研究(Ⅱ)(上、下) | 2009—05 | 118.00 | 46,47 |

| 书 名 | 出版时间 | 定 价 | 编号 |
|---|---|---|---|
| 趣味初等方程妙题集锦 | 2014—09 | 48.00 | 388 |
| 趣味初等数论选美与欣赏 | 2015—02 | 48.00 | 445 |
| 耕读笔记(上卷):一位农民数学爱好者的初数探索 | 2015—04 | 28.00 | 459 |
| 耕读笔记(中卷):一位农民数学爱好者的初数探索 | 2015—05 | 28.00 | 483 |
| 耕读笔记(下卷):一位农民数学爱好者的初数探索 | 2015—05 | 28.00 | 484 |
| 几何不等式研究与欣赏.上卷 | 2016—01 | 88.00 | 547 |
| 几何不等式研究与欣赏.下卷 | 2016—01 | 48.00 | 552 |
| 初等数列研究与欣赏·上 | 2016—01 | 48.00 | 570 |
| 初等数列研究与欣赏·下 | 2016—01 | 48.00 | 571 |
| 趣味初等函数研究与欣赏.上 | 2016—09 | 48.00 | 684 |
| 趣味初等函数研究与欣赏.下 | 2018—09 | 48.00 | 685 |
| 火柴游戏 | 2016—05 | 38.00 | 612 |
| 智力解谜.第1卷 | 2017—07 | 38.00 | 613 |
| 智力解谜.第2卷 | 2017—07 | 38.00 | 614 |
| 故事智力 | 2016—07 | 48.00 | 615 |
| 名人们喜欢的智力问题 | 2020—01 | 48.00 | 616 |
| 数学大师的发现、创造与失误 | 2018—01 | 48.00 | 617 |
| 异曲同工 | 2018—09 | 48.00 | 618 |
| 数学的味道 | 2018—01 | 58.00 | 798 |
| 数学千字文 | 2018—10 | 68.00 | 977 |
| 数贝偶拾——高考数学题研究 | 2014—04 | 28.00 | 274 |
| 数贝偶拾——初等数学研究 | 2014—04 | 38.00 | 275 |
| 数贝偶拾——奥数题研究 | 2014—04 | 48.00 | 276 |
| 钱昌本教你快乐学数学(上) | 2011—12 | 48.00 | 155 |
| 钱昌本教你快乐学数学(下) | 2012—03 | 58.00 | 171 |
| 集合、函数与方程 | 2014—01 | 28.00 | 300 |
| 数列与不等式 | 2014—01 | 38.00 | 301 |
| 三角与平面向量 | 2014—01 | 28.00 | 302 |
| 平面解析几何 | 2014—01 | 38.00 | 303 |
| 立体几何与组合 | 2014—01 | 28.00 | 304 |
| 极限与导数、数学归纳法 | 2014—01 | 38.00 | 305 |
| 趣味数学 | 2014—03 | 28.00 | 306 |
| 教材教法 | 2014—04 | 68.00 | 307 |
| 自主招生 | 2014—05 | 58.00 | 308 |
| 高考压轴题(上) | 2015—01 | 48.00 | 309 |
| 高考压轴题(下) | 2014—10 | 68.00 | 310 |
| 从费马到怀尔斯——费马大定理的历史 | 2013—10 | 198.00 | I |
| 从庞加莱到佩雷尔曼——庞加莱猜想的历史 | 2013—10 | 298.00 | II |
| 从切比雪夫到爱尔特希(上)——素数定理的初等证明 | 2013—07 | 48.00 | III |
| 从切比雪夫到爱尔特希(下)——素数定理100年 | 2012—12 | 98.00 | III |
| 从高斯到盖尔方特——二次域的高斯猜想 | 2013—10 | 198.00 | IV |
| 从库默尔到朗兰兹——朗兰兹猜想的历史 | 2014—01 | 98.00 | V |
| 从比勃巴赫到德布朗斯——比勃巴赫猜想的历史 | 2014—02 | 298.00 | VI |
| 从麦比乌斯到陈省身——麦比乌斯变换与麦比乌斯带 | 2014—02 | 298.00 | VII |
| 从布尔到豪斯道夫——布尔方程与格论漫谈 | 2013—10 | 198.00 | VIII |
| 从开普勒到阿诺德——三体问题的历史 | 2014—05 | 298.00 | IX |
| 从华林到华罗庚——华林问题的历史 | 2013—10 | 298.00 | X |

# 刘培杰数学工作室
## 已出版(即将出版)图书目录——初等数学

| 书　　名 | 出版时间 | 定　价 | 编号 |
|---|---|---|---|
| 美国高中数学竞赛五十讲.第1卷(英文) | 2014—08 | 28.00 | 357 |
| 美国高中数学竞赛五十讲.第2卷(英文) | 2014—08 | 28.00 | 358 |
| 美国高中数学竞赛五十讲.第3卷(英文) | 2014—09 | 28.00 | 359 |
| 美国高中数学竞赛五十讲.第4卷(英文) | 2014—09 | 28.00 | 360 |
| 美国高中数学竞赛五十讲.第5卷(英文) | 2014—10 | 28.00 | 361 |
| 美国高中数学竞赛五十讲.第6卷(英文) | 2014—11 | 28.00 | 362 |
| 美国高中数学竞赛五十讲.第7卷(英文) | 2014—12 | 28.00 | 363 |
| 美国高中数学竞赛五十讲.第8卷(英文) | 2015—01 | 28.00 | 364 |
| 美国高中数学竞赛五十讲.第9卷(英文) | 2015—01 | 28.00 | 365 |
| 美国高中数学竞赛五十讲.第10卷(英文) | 2015—02 | 38.00 | 366 |

| 书　　名 | 出版时间 | 定　价 | 编号 |
|---|---|---|---|
| 三角函数(第2版) | 2017—04 | 38.00 | 626 |
| 不等式 | 2014—01 | 38.00 | 312 |
| 数列 | 2014—01 | 38.00 | 313 |
| 方程(第2版) | 2017—04 | 38.00 | 624 |
| 排列和组合 | 2014—01 | 28.00 | 315 |
| 极限与导数(第2版) | 2016—04 | 38.00 | 635 |
| 向量(第2版) | 2018—08 | 58.00 | 627 |
| 复数及其应用 | 2014—08 | 28.00 | 318 |
| 函数 | 2014—01 | 38.00 | 319 |
| 集合 | 2020—01 | 48.00 | 320 |
| 直线与平面 | 2014—01 | 28.00 | 321 |
| 立体几何(第2版) | 2016—04 | 38.00 | 629 |
| 解三角形 | 即将出版 | | 323 |
| 直线与圆(第2版) | 2016—11 | 38.00 | 631 |
| 圆锥曲线(第2版) | 2016—09 | 48.00 | 632 |
| 解题通法(一) | 2014—07 | 38.00 | 326 |
| 解题通法(二) | 2014—07 | 38.00 | 327 |
| 解题通法(三) | 2014—05 | 38.00 | 328 |
| 概率与统计 | 2014—01 | 28.00 | 329 |
| 信息迁移与算法 | 即将出版 | | 330 |

| 书　　名 | 出版时间 | 定　价 | 编号 |
|---|---|---|---|
| IMO 50年.第1卷(1959—1963) | 2014—11 | 28.00 | 377 |
| IMO 50年.第2卷(1964—1968) | 2014—11 | 28.00 | 378 |
| IMO 50年.第3卷(1969—1973) | 2014—09 | 28.00 | 379 |
| IMO 50年.第4卷(1974—1978) | 2016—04 | 38.00 | 380 |
| IMO 50年.第5卷(1979—1984) | 2015—04 | 38.00 | 381 |
| IMO 50年.第6卷(1985—1989) | 2015—04 | 58.00 | 382 |
| IMO 50年.第7卷(1990—1994) | 2016—01 | 48.00 | 383 |
| IMO 50年.第8卷(1995—1999) | 2016—06 | 38.00 | 384 |
| IMO 50年.第9卷(2000—2004) | 2015—04 | 58.00 | 385 |
| IMO 50年.第10卷(2005—2009) | 2016—01 | 48.00 | 386 |
| IMO 50年.第11卷(2010—2015) | 2017—03 | 48.00 | 646 |

| 书　名 | 出版时间 | 定　价 | 编号 |
|---|---|---|---|
| 数学反思(2006—2007) | 即将出版 | | 915 |
| 数学反思(2008—2009) | 2019—01 | 68.00 | 917 |
| 数学反思(2010—2011) | 2018—05 | 58.00 | 916 |
| 数学反思(2012—2013) | 2019—01 | 58.00 | 918 |
| 数学反思(2014—2015) | 2019—03 | 78.00 | 919 |
| 历届美国大学生数学竞赛试题集.第一卷(1938—1949) | 2015—01 | 28.00 | 397 |
| 历届美国大学生数学竞赛试题集.第二卷(1950—1959) | 2015—01 | 28.00 | 398 |
| 历届美国大学生数学竞赛试题集.第三卷(1960—1969) | 2015—01 | 28.00 | 399 |
| 历届美国大学生数学竞赛试题集.第四卷(1970—1979) | 2015—01 | 18.00 | 400 |
| 历届美国大学生数学竞赛试题集.第五卷(1980—1989) | 2015—01 | 28.00 | 401 |
| 历届美国大学生数学竞赛试题集.第六卷(1990—1999) | 2015—01 | 28.00 | 402 |
| 历届美国大学生数学竞赛试题集.第七卷(2000—2009) | 2015—08 | 18.00 | 403 |
| 历届美国大学生数学竞赛试题集.第八卷(2010—2012) | 2015—01 | 18.00 | 404 |
| 新课标高考数学创新题解题诀窍:总论 | 2014—09 | 28.00 | 372 |
| 新课标高考数学创新题解题诀窍:必修1~5分册 | 2014—08 | 38.00 | 373 |
| 新课标高考数学创新题解题诀窍:选修2—1,2—2,1—1,1—2分册 | 2014—09 | 38.00 | 374 |
| 新课标高考数学创新题解题诀窍:选修2—3,4—4,4—5分册 | 2014—09 | 18.00 | 375 |
| 全国重点大学自主招生英文数学试题全攻略:词汇卷 | 2015—07 | 48.00 | 410 |
| 全国重点大学自主招生英文数学试题全攻略:概念卷 | 2015—01 | 28.00 | 411 |
| 全国重点大学自主招生英文数学试题全攻略:文章选读卷(上) | 2016—09 | 38.00 | 412 |
| 全国重点大学自主招生英文数学试题全攻略:文章选读卷(下) | 2017—01 | 58.00 | 413 |
| 全国重点大学自主招生英文数学试题全攻略:试题卷 | 2015—07 | 38.00 | 414 |
| 全国重点大学自主招生英文数学试题全攻略:名著欣赏卷 | 2017—03 | 48.00 | 415 |
| 劳埃德数学趣题大全.题目卷.1:英文 | 2016—01 | 18.00 | 516 |
| 劳埃德数学趣题大全.题目卷.2:英文 | 2016—01 | 18.00 | 517 |
| 劳埃德数学趣题大全.题目卷.3:英文 | 2016—01 | 18.00 | 518 |
| 劳埃德数学趣题大全.题目卷.4:英文 | 2016—01 | 18.00 | 519 |
| 劳埃德数学趣题大全.题目卷.5:英文 | 2016—01 | 18.00 | 520 |
| 劳埃德数学趣题大全.答案卷:英文 | 2016—01 | 18.00 | 521 |
| 李成章教练奥数笔记.第1卷 | 2016—01 | 48.00 | 522 |
| 李成章教练奥数笔记.第2卷 | 2016—01 | 48.00 | 523 |
| 李成章教练奥数笔记.第3卷 | 2016—01 | 38.00 | 524 |
| 李成章教练奥数笔记.第4卷 | 2016—01 | 38.00 | 525 |
| 李成章教练奥数笔记.第5卷 | 2016—01 | 38.00 | 526 |
| 李成章教练奥数笔记.第6卷 | 2016—01 | 38.00 | 527 |
| 李成章教练奥数笔记.第7卷 | 2016—01 | 38.00 | 528 |
| 李成章教练奥数笔记.第8卷 | 2016—01 | 48.00 | 529 |
| 李成章教练奥数笔记.第9卷 | 2016—01 | 28.00 | 530 |

# 刘培杰数学工作室
## 已出版(即将出版)图书目录——初等数学

| 书　名 | 出版时间 | 定价 | 编号 |
|---|---|---|---|
| 第19~23届"希望杯"全国数学邀请赛试题审题要津详细评注(初　版) | 2014—03 | 28.00 | 333 |
| 第19~23届"希望杯"全国数学邀请赛试题审题要津详细评注(初二、初三版) | 2014—03 | 38.00 | 334 |
| 第19~23届"希望杯"全国数学邀请赛试题审题要津详细评注(高一版) | 2014—03 | 28.00 | 335 |
| 第19~23届"希望杯"全国数学邀请赛试题审题要津详细评注(高二版) | 2014—03 | 38.00 | 336 |
| 第19~25届"希望杯"全国数学邀请赛试题审题要津详细评注(初一版) | 2015—01 | 38.00 | 416 |
| 第19~25届"希望杯"全国数学邀请赛试题审题要津详细评注(初二、初三版) | 2015—01 | 58.00 | 417 |
| 第19~25届"希望杯"全国数学邀请赛试题审题要津详细评注(高一版) | 2015—01 | 48.00 | 418 |
| 第19~25届"希望杯"全国数学邀请赛试题审题要津详细评注(高二版) | 2015—01 | 48.00 | 419 |
| 物理奥林匹克竞赛大题典——力学卷 | 2014—11 | 48.00 | 405 |
| 物理奥林匹克竞赛大题典——热学卷 | 2014—04 | 28.00 | 339 |
| 物理奥林匹克竞赛大题典——电磁学卷 | 2015—07 | 48.00 | 406 |
| 物理奥林匹克竞赛大题典——光学与近代物理卷 | 2014—06 | 28.00 | 345 |
| 历届中国东南地区数学奥林匹克试题集(2004~2012) | 2014—06 | 18.00 | 346 |
| 历届中国西部地区数学奥林匹克试题集(2001~2012) | 2014—07 | 18.00 | 347 |
| 历届中国女子数学奥林匹克试题集(2002~2012) | 2014—08 | 18.00 | 348 |
| 数学奥林匹克在中国 | 2014—06 | 98.00 | 344 |
| 数学奥林匹克问题集 | 2014—01 | 38.00 | 267 |
| 数学奥林匹克不等式散论 | 2010—06 | 38.00 | 124 |
| 数学奥林匹克不等式欣赏 | 2011—09 | 38.00 | 138 |
| 数学奥林匹克超级题库(初中卷上) | 2010—01 | 58.00 | 66 |
| 数学奥林匹克不等式证明方法和技巧(上、下) | 2011—08 | 158.00 | 134,135 |
| 他们学什么:原民主德国中学数学课本 | 2016—09 | 38.00 | 658 |
| 他们学什么:英国中学数学课本 | 2016—09 | 38.00 | 659 |
| 他们学什么:法国中学数学课本.1 | 2016—09 | 38.00 | 660 |
| 他们学什么:法国中学数学课本.2 | 2016—09 | 28.00 | 661 |
| 他们学什么:法国中学数学课本.3 | 2016—09 | 38.00 | 662 |
| 他们学什么:苏联中学数学课本 | 2016—09 | 28.00 | 679 |
| 高中数学题典——集合与简易逻辑·函数 | 2016—07 | 48.00 | 647 |
| 高中数学题典——导数 | 2016—07 | 48.00 | 648 |
| 高中数学题典——三角函数·平面向量 | 2016—07 | 48.00 | 649 |
| 高中数学题典——数列 | 2016—07 | 58.00 | 650 |
| 高中数学题典——不等式·推理与证明 | 2016—07 | 38.00 | 651 |
| 高中数学题典——立体几何 | 2016—07 | 48.00 | 652 |
| 高中数学题典——平面解析几何 | 2016—07 | 78.00 | 653 |
| 高中数学题典——计数原理·统计·概率·复数 | 2016—07 | 48.00 | 654 |
| 高中数学题典——算法·平面几何·初等数论·组合数学·其他 | 2016—07 | 68.00 | 655 |

# 刘培杰数学工作室

 已出版(即将出版)图书目录——初等数学

| 书　　名 | 出版时间 | 定　价 | 编号 |
|---|---|---|---|
| 台湾地区奥林匹克数学竞赛试题.小学一年级 | 2017—03 | 38.00 | 722 |
| 台湾地区奥林匹克数学竞赛试题.小学二年级 | 2017—03 | 38.00 | 723 |
| 台湾地区奥林匹克数学竞赛试题.小学三年级 | 2017—03 | 38.00 | 724 |
| 台湾地区奥林匹克数学竞赛试题.小学四年级 | 2017—03 | 38.00 | 725 |
| 台湾地区奥林匹克数学竞赛试题.小学五年级 | 2017—03 | 38.00 | 726 |
| 台湾地区奥林匹克数学竞赛试题.小学六年级 | 2017—03 | 38.00 | 727 |
| 台湾地区奥林匹克数学竞赛试题.初中一年级 | 2017—03 | 38.00 | 728 |
| 台湾地区奥林匹克数学竞赛试题.初中二年级 | 2017—03 | 38.00 | 729 |
| 台湾地区奥林匹克数学竞赛试题.初中三年级 | 2017—03 | 28.00 | 730 |
| 不等式证题法 | 2017—04 | 28.00 | 747 |
| 平面几何培优教程 | 2019—08 | 88.00 | 748 |
| 奥数鼎级培优教程.高一分册 | 2018—09 | 88.00 | 749 |
| 奥数鼎级培优教程.高二分册.上 | 2018—04 | 68.00 | 750 |
| 奥数鼎级培优教程.高二分册.下 | 2018—04 | 68.00 | 751 |
| 高中数学竞赛冲刺宝典 | 2019—04 | 68.00 | 883 |
| 初中尖子生数学超级题典.实数 | 2017—07 | 58.00 | 792 |
| 初中尖子生数学超级题典.式、方程与不等式 | 2017—08 | 58.00 | 793 |
| 初中尖子生数学超级题典.圆、面积 | 2017—08 | 38.00 | 794 |
| 初中尖子生数学超级题典.函数、逻辑推理 | 2017—08 | 48.00 | 795 |
| 初中尖子生数学超级题典.角、线段、三角形与多边形 | 2017—07 | 58.00 | 796 |
| 数学王子——高斯 | 2018—01 | 48.00 | 858 |
| 坎坷奇星——阿贝尔 | 2018—01 | 48.00 | 859 |
| 闪烁奇星——伽罗瓦 | 2018—01 | 58.00 | 860 |
| 无穷统帅——康托尔 | 2018—01 | 48.00 | 861 |
| 科学公主——柯瓦列夫斯卡娅 | 2018—01 | 48.00 | 862 |
| 抽象代数之母——埃米·诺特 | 2018—01 | 48.00 | 863 |
| 电脑先驱——图灵 | 2018—01 | 58.00 | 864 |
| 昔日神童——维纳 | 2018—01 | 48.00 | 865 |
| 数坛怪侠——爱尔特希 | 2018—01 | 68.00 | 866 |
| 传奇数学家徐利治 | 2019—09 | 88.00 | 1110 |
| 当代世界中的数学.数学思想与数学基础 | 2019—01 | 38.00 | 892 |
| 当代世界中的数学.数学问题 | 2019—01 | 38.00 | 893 |
| 当代世界中的数学.应用数学与数学应用 | 2019—01 | 38.00 | 894 |
| 当代世界中的数学.数学王国的新疆域(一) | 2019—01 | 38.00 | 895 |
| 当代世界中的数学.数学王国的新疆域(二) | 2019—01 | 38.00 | 896 |
| 当代世界中的数学.数林撷英(一) | 2019—01 | 38.00 | 897 |
| 当代世界中的数学.数林撷英(二) | 2019—01 | 48.00 | 898 |
| 当代世界中的数学.数学之路 | 2019—01 | 38.00 | 899 |

# 刘培杰数学工作室
## 已出版(即将出版)图书目录——初等数学

| 书　名 | 出版时间 | 定　价 | 编号 |
|---|---|---|---|
| 105 个代数问题:来自 AwesomeMath 夏季课程 | 2019－02 | 58.00 | 956 |
| 106 个几何问题:来自 AwesomeMath 夏季课程 | 即将出版 | | 957 |
| 107 个几何问题:来自 AwesomeMath 全年课程 | 即将出版 | | 958 |
| 108 个代数问题:来自 AwesomeMath 全年课程 | 2019－01 | 68.00 | 959 |
| 109 个不等式:来自 AwesomeMath 夏季课程 | 2019－04 | 58.00 | 960 |
| 国际数学奥林匹克中的 110 个几何问题 | 即将出版 | | 961 |
| 111 个代数和数论问题 | 2019－05 | 58.00 | 962 |
| 112 个组合问题:来自 AwesomeMath 夏季课程 | 2019－05 | 58.00 | 963 |
| 113 个几何不等式:来自 AwesomeMath 夏季课程 | 即将出版 | | 964 |
| 114 个指数和对数问题:来自 AwesomeMath 夏季课程 | 2019－09 | 48.00 | 965 |
| 115 个三角问题:来自 AwesomeMath 夏季课程 | 2019－09 | 58.00 | 966 |
| 116 个代数不等式:来自 AwesomeMath 全年课程 | 2019－04 | 58.00 | 967 |
| 紫色彗星国际数学竞赛试题 | 2019－02 | 58.00 | 999 |
| 澳大利亚中学数学竞赛试题及解答(初级卷)1978～1984 | 2019－02 | 28.00 | 1002 |
| 澳大利亚中学数学竞赛试题及解答(初级卷)1985～1991 | 2019－02 | 28.00 | 1003 |
| 澳大利亚中学数学竞赛试题及解答(初级卷)1992～1998 | 2019－02 | 28.00 | 1004 |
| 澳大利亚中学数学竞赛试题及解答(初级卷)1999～2005 | 2019－02 | 28.00 | 1005 |
| 澳大利亚中学数学竞赛试题及解答(中级卷)1978～1984 | 2019－03 | 28.00 | 1006 |
| 澳大利亚中学数学竞赛试题及解答(中级卷)1985～1991 | 2019－03 | 28.00 | 1007 |
| 澳大利亚中学数学竞赛试题及解答(中级卷)1992～1998 | 2019－03 | 28.00 | 1008 |
| 澳大利亚中学数学竞赛试题及解答(中级卷)1999～2005 | 2019－03 | 28.00 | 1009 |
| 澳大利亚中学数学竞赛试题及解答(高级卷)1978～1984 | 2019－05 | 28.00 | 1010 |
| 澳大利亚中学数学竞赛试题及解答(高级卷)1985～1991 | 2019－05 | 28.00 | 1011 |
| 澳大利亚中学数学竞赛试题及解答(高级卷)1992～1998 | 2019－05 | 28.00 | 1012 |
| 澳大利亚中学数学竞赛试题及解答(高级卷)1999～2005 | 2019－05 | 28.00 | 1013 |
| 天才中小学生智力测验题.第一卷 | 2019－03 | 38.00 | 1026 |
| 天才中小学生智力测验题.第二卷 | 2019－03 | 38.00 | 1027 |
| 天才中小学生智力测验题.第三卷 | 2019－03 | 38.00 | 1028 |
| 天才中小学生智力测验题.第四卷 | 2019－03 | 38.00 | 1029 |
| 天才中小学生智力测验题.第五卷 | 2019－03 | 38.00 | 1030 |
| 天才中小学生智力测验题.第六卷 | 2019－03 | 38.00 | 1031 |
| 天才中小学生智力测验题.第七卷 | 2019－03 | 38.00 | 1032 |
| 天才中小学生智力测验题.第八卷 | 2019－03 | 38.00 | 1033 |
| 天才中小学生智力测验题.第九卷 | 2019－03 | 38.00 | 1034 |
| 天才中小学生智力测验题.第十卷 | 2019－03 | 38.00 | 1035 |
| 天才中小学生智力测验题.第十一卷 | 2019－03 | 38.00 | 1036 |
| 天才中小学生智力测验题.第十二卷 | 2019－03 | 38.00 | 1037 |
| 天才中小学生智力测验题.第十三卷 | 2019－03 | 38.00 | 1038 |

# 刘培杰数学工作室

## 已出版(即将出版)图书目录——初等数学

| 书　名 | 出版时间 | 定　价 | 编号 |
|---|---|---|---|
| 重点大学自主招生数学备考全书:函数 | 即将出版 | | 1047 |
| 重点大学自主招生数学备考全书:导数 | 即将出版 | | 1048 |
| 重点大学自主招生数学备考全书:数列与不等式 | 2019—10 | 78.00 | 1049 |
| 重点大学自主招生数学备考全书:三角函数与平面向量 | 即将出版 | | 1050 |
| 重点大学自主招生数学备考全书:平面解析几何 | 即将出版 | | 1051 |
| 重点大学自主招生数学备考全书:立体几何与平面几何 | 2019—08 | 48.00 | 1052 |
| 重点大学自主招生数学备考全书:排列组合·概率统计·复数 | 2019—09 | 48.00 | 1053 |
| 重点大学自主招生数学备考全书:初等数论与组合数学 | 2019—08 | 48.00 | 1054 |
| 重点大学自主招生数学备考全书:重点大学自主招生真题.上 | 2019—04 | 68.00 | 1055 |
| 重点大学自主招生数学备考全书:重点大学自主招生真题.下 | 2019—04 | 58.00 | 1056 |
| | | | |
| 高中数学竞赛培训教程:平面几何问题的求解方法与策略.上 | 2018—05 | 68.00 | 906 |
| 高中数学竞赛培训教程:平面几何问题的求解方法与策略.下 | 2018—06 | 78.00 | 907 |
| 高中数学竞赛培训教程:整除与同余以及不定方程 | 2018—01 | 88.00 | 908 |
| 高中数学竞赛培训教程:组合计数与组合极值 | 2018—04 | 48.00 | 909 |
| 高中数学竞赛培训教程:初等代数 | 2019—04 | 78.00 | 1042 |
| 高中数学讲座:数学竞赛基础教程(第一册) | 2019—06 | 48.00 | 1094 |
| 高中数学讲座:数学竞赛基础教程(第二册) | 即将出版 | | 1095 |
| 高中数学讲座:数学竞赛基础教程(第三册) | 即将出版 | | 1096 |
| 高中数学讲座:数学竞赛基础教程(第四册) | 即将出版 | | 1097 |

**联系地址**:哈尔滨市南岗区复华四道街 10 号　哈尔滨工业大学出版社刘培杰数学工作室
**网　　址**:http://lpj.hit.edu.cn/
**邮　　编**:150006
**联系电话**:0451—86281378　　13904613167
E-mail:lpj1378@163.com